整理生活

风靡全球的整理收纳术

整理生活学院 著

中国纺织出版社有限公司 | 国家一级出版社
全国百佳图书出版单位

内 容 提 要

本书吸取全球整理收纳精华，并融入中国的特色和实践，以图文并茂的形式再现了衣橱整理，厨房整理，亲子整理，玄关、客厅、浴室、书房的整理及办公、出行的整理等。全书语言文字生动活泼、插图丰富，旨在为读者提供轻松愉悦的阅读体验，从而让读者找到适合自己的整理收纳法则。

图书在版编目（CIP）数据

整理生活：风靡全球的整理收纳术 / 整理生活学院著. --北京：中国纺织出版社有限公司，2020.3（2023.9重印）
ISBN 978‑7‑5180‑6664‑3

Ⅰ. ①整… Ⅱ. ①整… Ⅲ. ①家庭生活—基本知识 Ⅳ. ①TS976.3

中国版本图书馆CIP数据核字（2019）第192567号

策划编辑：刘 丹　责任校对：寇晨晨　责任印制：储志伟

中国纺织出版社有限公司出版发行
地址：北京市朝阳区百子湾东里 A407 号楼　邮政编码：100124
销售电话：010—67004422　传真：010—87155801
http://www.c-textilep.com
中国纺织出版社天猫旗舰店
官方微博 http://weibo.com/2119887771
天津千鹤文化传播有限公司印刷　各地新华书店经销
2020 年 3 月第 1 版　2023年9月第 9 次印刷
开本：880×1230　1/32　印张：10
字数：146 千字　定价：58.00 元

　　当得知"整理生活学院"出版新书，并邀请我为新书写序时，我非常高兴。

　　一直以来，日本人对于整理收纳的关心度不断地升高，整理兴趣的方向也各不相同：有希望改善自己生活环境的，有想把成为职业整理师作为自己职业发展方向的，有将整理收纳专业知识与建筑、美学、企业管理等跨界融合的……

　　目前，在日本整理收纳专家协会中，获取认证证书的学员已经有13万（截至2019年4月），他们将学到的知识在生活与工作中运用得越来越普及、越来越成熟了。这其中不乏业界专家，一直致力于帮助那些自己不会整理的人士。

　　整理生活学院与日本整理收纳专家协会于2017年正式合作，开始共同研究整理收纳领域相关的问题。本书基于这些研究，从实际生活中的各个角度来为读者解读整理收纳的具体运用。

无论是对希望改善自身生活的读者，还是对希望进一步研究、扩宽思路的专业人士，这都是非常值得推荐的一本书。

日本整理收纳专家协会

社长　泽一良

2019 年 6 月

前言

家的舒适和美好，不都是来自这些瞬间吗？

坐在沙发上，欣赏自己布置的客厅一角；和家人围坐在一起，聊着天捧腹大笑；在厨房有条不紊地烹饪，为心爱的人准备一桌佳肴……

家是这样的温暖，生活也是如此的简单幸福。

不过，生活也喜欢给我们添点乱，让家里莫名其妙地"丢东西"——

上次穿过的那件黑色吊带裙挂在哪里了？

老公去年送的项链怎么不见了？

家里是进贼了吗？前两天才收拾完的房间怎么又乱了？

……

这个时候，朋友会建议自己，学习一下整理收纳。

然而，新的疑虑接踵而至——

"我应该从哪里下手呢？"

"会很难吗？"

"听说要扔扔扔，那我还能买买买吗？"

"我费劲收拾好的房间，会不会又被家人弄乱了呢？"

于是，自己在一堆疑虑中没了方向，问题也就不了了之。

抛弃这些顾虑吧！让我们为你排忧解难。

整理生活学院走访过国外多家整理收纳协会，与许多知名整理师进行了沟通，也服务了众多需要整理服务的中国家庭，同时还与国内百万整理爱好者保持互动，进而积累了丰富的整理收纳知识和实践经验。

这些经验技巧吸取了全球的整理收纳精华，并融入中国的特色和实践，有衣橱、厨房、儿童房等家居领域的，也有出行、办公领域的，它们将以插画和文字的形式，在书中生动地呈现，帮助你找到令自己轻松愉悦的整理收纳法则。

再回味一下那些美好的生活瞬间，让我们现在就开始整理生活吧！

懂整理，爱生活！

整理生活学院

2019 年 6 月

目 录

⑧ ············· 世界那么大，如何去看看

从他们的生活开始

近几年大热的"整理收纳"概念，

商业化、理论化于美国，

而后由日本根据其地域特性，

将收纳技巧深入化、普及化。

在几十年的发展历程中，

以美国、日本为代表的国家的实践告诉我们，

"整理收纳"是经济发展的必然产物，

而在德国，

整理则更像是一种天生的生活态度 。

想了解"整理收纳"的发展，

先从他们开始吧。

01

/// 三十多年前的一次聚会 ///

20世纪70年代末至80年代的美国，消费享乐主义泛滥，人们在衣食住行方面一律追求品牌与品质。这个时期的美国购物中心也进入了黄金增长期，丰富的商品、便利的交通、亲民的价格，这些都为人们"买买买"提供了良好的条件，也为"整理收纳"的发展提供了物质基础。

让兴趣变成职业

进入职场后的美国女性，经济地位得以提高，以服装、珠宝为主的购买行为，逐渐成了她们的日常。也许是物质的充裕弥补不了精神的空虚，在加利福尼亚州有一位女士，开始在住宅区举办生活聚会。

不知道从哪一天起，在参加聚会的人中间形成了一个小群体，她们经常聊一个话题——家里东西太多，没地方放。从此，"如何收纳"成为她们每次聚会必不可少的话题。

看到越来越多的人对这个话题感兴趣，聚会中的两位女士玛克辛（Maxine Ordesky）和斯蒂芬妮（Stephanie Culp）萌生了一个新的想法——既然大家都这么在意家里的东西无法合理安置，为什么不把它发展成一门生意？

于是，她俩联合后来加入的几名爱好者，开始推广"付费家庭收纳服务"，专门帮助一些家庭解决物品过剩无处放置的难题。她们还给自己起了一个响亮的名字："职业整理师"（Professional Organizers）。

空余时间赚外快的新选择：付费家庭收纳服务

"消费享乐主义"带来的物品过剩问题，影响着越来越多的家庭，这几位女士的业务也随之不断发展壮大。她们在洛杉矶组建了职业整理师协会（Association of Professional Organizers），先后又在圣地亚哥市、旧金山市以及纽约市等各个城市成立了分会。

1986 年，在五位创始人的努力下，美国整理师协会（National Association of Professional Organizers）正式成立，这是整理收纳发展史上第一个全国性质的职业协会。

创始人之一的玛克辛曾回忆说："我们在洛杉矶西部的一个小商场的会议室里第一次开会。那次会议上，我站在仅仅 10 位女性的前面，讲着一个几近疯狂的想法，谁也没想到，如今这个组织会拥有成千上万名会员。"

职业整理师的多重身份

据统计，美国大多数家庭平均雇佣职业整理师的费用在 335~425 美元，这其中不包含房间改造、整理收纳工具、清洁等费用。

城市	最低价格	最高价格	平均价格	平均范围
纽约	160	1500	865	525~1276
洛杉矶	140	1400	654	475~697
芝加哥	150	20000	3816	550~1200
亚特兰大	150	3500	887	375~700
旧金山	140	1400	654	475~697
西雅图	150	1000	444	255~447
底特律	75	1200	577	500~700

（ * 美国不同城市为整理服务支付的费用，单位为美元，数据截至 2017 年）

随着越来越多美国家庭对职业整理师服务的认可，职业整理师的服务范围也开始不仅仅涉及住宅、办公室空间的使用，还广泛应用于人生规划、人际关系、时间以及金融资产的管理等。作为职业整理师，他们的身份变得十分多样。

协会发展至今已经拥有大约 3500 名成员，他们一直致力于为个人、家庭和公司提供整理服务，以改善其生活秩序及工作效率。可以说，美国整理师协会为"整理收纳"走上职业化和科学化之路打下了最成功的基础。

整理师的服务费用大多以时薪计算，40~200 美元不等

收纳技术顾问

信息系统顾问

时间管理顾问

培训师

心理咨询顾问

空间设计师

/// 高密度也能过得很舒服 ///

　　日本人口有 1.26 亿（数据截至 2019 年 3 月），人口密度则达到每平方千米 300 多人（是中国的二倍多）。正因为如此，如今的日本住宅非常注重收纳的设计，会尽量设置多样而有效的收纳空间。

万万没想到，收纳是为了炫富

　　跟前面提到的美国类似，20 世纪 80 年代的日本，整个社会也曾陷入消费的狂潮中。"拥有 = 快乐"的思想氛围在社会持续蔓延，但是日本人的小型住宅根本容纳不了他们买的过多的物品。

　　于是，"展示型收纳"应运而生。人们通过各种开放式的高柜，尽可能多地把物品都摆放进去，容纳更多物品的同时，还要保证一眼就能看到自己拥有的一切。这个时期的"整理收纳"披着收纳的外衣，实则还是为了炫耀自己的消费力。

从 "扔" 开始的日式收纳

小空间中的 "展示型收纳" 狂潮一直持续到 2000 年, 大部分人才开始意识到房间已经无法容纳更多的物品。这时, 人们迫切地想要从满屋子物品难以整理的状态中解放出来, 这种情况下, "舍弃物品, 过上简单生活" 的理念逐渐流行。

2002 年, 有一本书提出以 "扔" 为前提的整理收纳方式, 在日本大受欢迎。

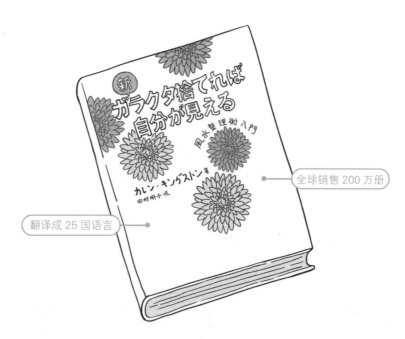

全球销售 200 万册

翻译成 25 国语言

《扔掉那些破烂玩意吧, 找回真正的自己——风水整理术入门》

多元化的"全民收纳"

2003 年，日本整理收纳专家协会（Housekeeping 协会）成立，把日式整理推向一个新高度。目前，全日本超过 13 万人持有该协会 2 级或者 1 级证书（数据截至 2019 年 9 月）。

除此之外，在近藤典子、山下英子、近藤麻里惠、沼畑直树等人的影响下，越来越多的日本人开始学习整理收纳，从房屋空间的设计到生活方式的

近藤典子
以人为本的生活哲学

山下英子
断舍离

近藤麻里惠
怦然心动的整理法

重塑，他们之中大都因为学会了整理而改变了自己的家庭和人生，也有很大一部分人成为职业整理师，为其他家庭带来幸福。

有一位资深整理师向我们讲述过她曾经服务过的一个案例。委托人想在孩子上大学的时候办理离婚，于是邀请整理师指导自己处理家人的物品。随后，女主人在整理男主人内衣的时候，发现丈夫这些年都一直穿着不合身的内衣。经过整理师的沟通和帮助，她意识到自己已经很久没有关心过丈夫了。最后，他们不仅没有离婚，反而打破心墙，重新开始关心彼此。

正因为有这么多身边的故事，现在，日本主妇都已经视"整理收纳"为一项必备的技能。

多元化的收纳理念、活跃在社交网络的红人、出版畅销书的达人，以及像日本整理收纳专家协会这样大大小小的专业团体，使得日本的整理收纳行业得以迅速发展，一些先进的理念甚至继而转过来影响美国。不得不说，日本让"整理收纳"的发展在技巧方面更加专业，同时在家居领域的渗透更加深入。

/// 做饭就像做游戏 ///

一丝不苟的个性，恪守规则的生活态度……只要我们提到这些，就很容易想到一个国家——德国。其实对于生活来说，加一点"德国风味"，也许你会"品尝"到不一样的乐趣。

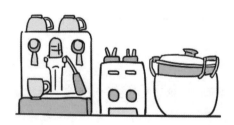

把工具当玩具的天性

　　德国人，无论男女，似乎都有把工具当成玩具的天性——日常生活中，男人的玩具就是万能工具箱，而女人的玩具就是厨房里的各种厨具。

　　步入德国人的厨房，总能看见整片墙上挂着的厨具，在墙角的接缝处也往往会有隐藏门或是旋转厨具柜，脚边地柜看似严丝合缝，其实轻轻一碰就会弹出垃圾桶。

　　一位德国妈妈曾经骄傲地告诉我们，厨房就是她的"游戏空间"，厨房里有她对生活的所有向往。工具多得像博物馆，但却井井有条，丝毫不占空间，左右门窗可自动拉合，从而给洗菜台通风、排除剩余油烟，还可以眺望对面的多瑙河。

一个动作一个器具

如果一位厨房新人想要在最短时间内让另一半发出"哇"的感叹，那就一定要多了解下德国的厨房"神器"。

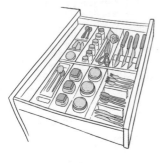

食材，不论果、蔬、肉、骨、面、酱、油；动作，不管洗、切、削、剁、断、拍、拔、拉、撕；形状，不计方、圆、条、片、块、扁、丝、丁、角，德国妈妈们都有专属用具。

在她们看来，厨房就像玩具间，通过观察人体活动的步骤和动作规律，她们会根据每个动作、步骤，研发出一种"相应器具"来把玩。目的也很简单，就是要通过标准化的工具，让料理变得省时省力、操作简单、动作方便，即便是厨房新人也能轻松上手。

比如切个面包，不但刀分大小，锯齿也分深浅"胖瘦"。有些家庭甚至会使用切面包机，用旋转齿轮来当切锯，既可以调节切片的厚度宽窄，也会非常省力。料理肉类也是如此，带骨的用锯骨机，不带骨的用绞肉机、肉丝机。

德国有着悠久的芝士制造传统，由于芝士种类很多，软硬度差异相当大，于是切芝士就会用到至少5种刀具，除此之外，粉状的、丝状的、条状的、块状的，根据所需形状还会有不同的芝士研磨器。

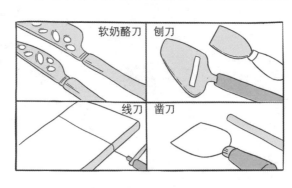

软奶酪刀　刨刀

线刀　凿刀

成套的厨房规矩

德国人的厨房里各种规格的锅、碗、瓢、盆成打成套，在厨房处于装修阶段的时候，他们就会请专家来做整体设计，在一定预算下做空间、色系、设备的全套更新。这样，抽油烟机、炉具、烤箱、橱柜、冰箱、垃圾桶、工作台都有合适而又互容的空间，在厨房里忙碌的时候也不会被个别区域不协调的用具、设备撞头绊脚。

除了常用的厨具，德国人还有各种厨房"小助手"，帮助自己遵守"厨房里的规矩"，从称配料的秤、量杯、定时器，到带刻度和温度表的锅，一应俱全。德国主妇做饭的时候，一边看着菜谱，一边用秤称料，用量杯倒水，还要看看温度计，那副专心致志的劲头简直就像是做化学实验。

用餐的时候，不复杂但也一定有"规矩"，不但餐巾、桌布、碗盘、刀叉要求色系协调、排列整齐，菜色内容也要有固定的习惯和要求，在用餐的顺序上更是十分讲究，就连吃煮蛋都一丝不苟。

德国人吃煮蛋四步曲

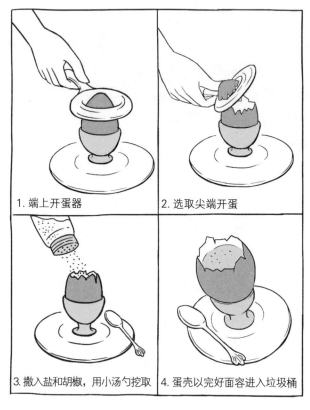

1. 端上开蛋器

2. 选取尖端开蛋

3. 撒入盐和胡椒，用小汤勺挖取

4. 蛋壳以完好面容进入垃圾桶

也许有人认为，德国人这是在化简为繁，明明一把菜刀就能走天下，砍、削、剁、片，他们却要那么多款刀具。

其实，这正是另一种德国风味的"简单"，并不是单纯的"越少越简单"，而是在厘清繁杂事物，将每天都要用的物品、要做的事进行标准化、规律化，让自己能不费力思考就能完成，这也正是我们做整理收纳想要带来的效果。

读后实践

人的大脑虽然很强大，却并不擅于长时记忆。生活中总有一些容易忘记但经常要做的事情，以及要用到的工具。不如参考下德国人的做事方法，利用表格将它们规律化、流程化、标准化。

1. 以一周为单位，把每一天固定要做的事情记录下来
2. 补充好时间和需要用到的物品等
3. 将这张表贴在门后等醒目的位置
4. 也可以将这些内容记录在手机的备忘录里，设置好提醒

以纳纳的备忘录为例：

星期一	星期二	星期三	星期四	星期五	星期六	星期日
7:30~7:40 浇花						
		11:00~12:00 烹饪班，准备食材				
			15:00~16:00 美体瑜伽班，准备瑜伽服		15:00~16:00 宝宝足球班、准备球鞋球衣	
		20:00 热播剧更新				
					22:00~22:15 睡前面膜	
出门记得带钥匙和钱包！！！						

 纳纳

这样看来，
似乎这几个国家的整理收纳模式
都各有特色——
美国是科学商业型的体系建立，
日本是知行合一型的思想普及，
德国是精准工具型的硬件设计。
中国的"整理收纳"，

正在越来越多的家庭中普及，
正在吸收多种行业、多个地域的精华。
更重要的是，
由于拥有五千年文化传承下来的"整理基因"，
中国式整理将代表着一种文化传承型的全新融合模式。

纵观中国传统文化，

有儒释道，有诸子百家，

有古玩器物，有庭院楼阁。

这些文化里，

蕴含着无穷的整理基因。

从老子的《道德经》四十八章中，

山下英子悟出了"断舍离"的理念。

除此之外，

还有哪些有趣的整理基因值得后人借鉴呢？

为学日益，为道日损，
损之又损，以至于无为。
无为而无不为，取天下常以无事；
及其有事，不足以取天下。

中国文化中的整理基因

02

⫻ 砸缸者的"格物致知"⫻

　　"司马光砸缸"的典故在中国家喻户晓，作为北宋名儒，司马光给我们留下的除了《资治通鉴》，还有对物质极度控制的生活方式、处世之道。

　　人生的很多苦恼，总是混杂在我们对物品的执着中，如果能放开对物品的执念，也许生活会更加轻松愉悦。在这方面，司马光对于身外之物始终只选择适合的、刚好的。如此看来，他也称得上是"懂整理"的一个典范。

学会对物质诱惑说"不"

汉代成书的《礼记·大学》中曾提出一个观点——"格物致知"，这是孔子儒家学派的重要思想之一。

在司马光看来，这是告诉我们——人一定要先学会"格物"，即抵御物质生活的诱惑，只有这样，才可以保持高风亮节，不为物欲遮蔽自己的心智，达到"致知"。

格物致知，无须整理

很多人觉得自己房间里的东西特别多，但存放这些东西的空间却很小，会让自己感到很压抑。除此之外，东西还经常附属着繁杂的人际关系，比如公司发放的奖品、每年生日收到的礼物、出去旅游的各种纪念品等，除了给它们不断地腾地方之外，似乎也没有更好的办法。

我们可以假设一下，如果一开始就拒绝那些不需要的、不美好的、不该接受的东西（比如自己用不上的化妆品，不符合自己审美但很便宜的杯子），在这些东西还没有进入自己的生活之前，合理地控制源头，就不会被它们左右，整理起来也不会有太多羁绊。如果能把这种控制做到极致，更是无须整理收纳，生活也能随心所向，这不正是最简单、最直接的整理收纳理念吗？

除了物，司马光在对待事的方面也为我们做了很好的表率。当年北宋皇帝想任命司马光为枢密副使（即军队二把手），这可是无数人削尖了脑袋想要的差事，司马光却坚持不接受。在辞呈中，他说："我除粗通经史，一无所长。军旅之事，不曾研究。近来身体又不好，实在无法胜任这样的机要工作。"

司马光有自知之明和责任心——无法胜任的工作他绝不去碰。如果某个岗位，自己德不配位，做一天都难受！对自己不需要的物、自己不擅长的事敢于说"不"，并非不通情理，也并非不够自信，这恰恰是对自己和对他人负责任的一种表现。

先修身齐家，再治国平天下

除了"格物、致知"，《礼记·大学》中还提到了"诚意、正心、修身、齐家、治国、平天下"，这些内容合在一起就是个人道德修养和立身治世的八个步骤。

一个人先"格物致知、诚意正心"，逐步自我"修身"之后，就要开始考虑用自己的言行来教育和管理家庭，实现"齐家"。每个人都各司其职、各就其位，家和社会才能有秩序，同样的，每件物品、每寸空间都有清楚的规划，生活才能井然有序。

"齐家"八字箴言——"君君臣臣，父父子子"

每个人各司其职、各就其位，家和社会才能有秩序

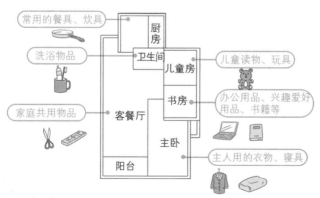

每件物品、每寸空间，都能有清楚的定位，生活才会井然有序

做到了"修身""齐家"，像司马光这样的名儒，还具备能力以德"治国"，去努力实现"平天下"。

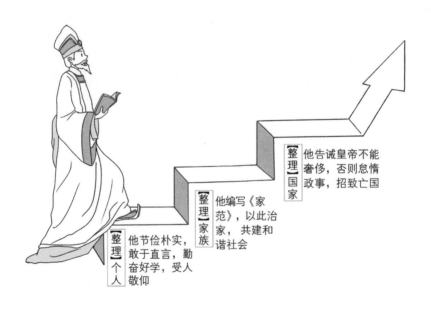

整理个人　他节俭朴实，敢于直言，勤奋好学，受人敬仰

整理家族　他编写《家范》，以此治家，共建和谐社会

整理国家　他告诫皇帝不能奢侈，否则怠惰政事，招致亡国

这些，如今看来，其实就是整理个人、整理家庭（家族）、整理国家。如果做不好，小可毁人一生，大则丧家亡国。在这方面，司马光可谓做到了"知行合一"。同时，他的种种事迹也再次表明，个人层面的整理（尤其是对物品），是一个人修身、齐家、治国、平天下要迈出的第一步。

/// "盒子"里的中国 ///

楚人有卖其珠于郑者，为木兰之柜，薰以桂椒，缀
以珠玉，饰以玫瑰，辑以羽翠。郑人买其椟而还其珠。

——《韩非子》

椟者，箱匣也，在中国古人的"衣食住行"中被广
泛使用。古代的箱匣汇集了珍稀木材与高超工艺，更隐
含着古人深藏不露、井井有条的生活哲学。从这个意义
上讲，那个郑国买家或许是一位深谙整理收纳的高人。

穿衣打扮的"装"备很重要

中国古人一举手一投足，无不要考虑是否合乎礼节，就连穿衣戴帽也不例外，服装的质地、款式、颜色、纹饰等也都有严格的规定和限制。因此，衣着打扮常常不只是一个人的个人标志，往往还是他的社会代号。

既然如此重要，在他们的日常生活中，自然少不了专门收纳衣物的"衣箱"。

明朝宫廷画卷《出警图》中描绘了万历皇帝戎装出行的盛大场面，其中有一个场景为四名轿夫抬着一对朱漆带底座的衣箱，还有专门打着伞的护卫跟班，好像箱子里储藏的物品十分贵重一般。在其他古代皇帝出猎、官员出行的绘画中，也常常可以看到衣箱随行的画面，表明了这种家具在古代的常见。

据悉，衣箱在中国的起源可以追溯到两千年以前，一般为板式结

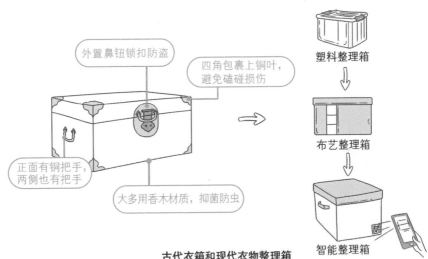

外置鼻钮锁扣防盗

四角包裹上铜叶，避免磕碰损伤

塑料整理箱

正面有铜把手，两侧也有把手

大多用香木材质，抑菌防虫

布艺整理箱

智能整理箱

古代衣箱和现代衣物整理箱

衣物整理箱的"进化史"体现了人们对于衣物收纳的重视程度，也体现了现代整理收纳工具日渐智能化的趋势。

构，形状多为方形，上开盖，除了作为储藏衣物之用，还能用来收纳金银财宝、书籍字画等贵重物品。

除了衣箱，古代的衣柜也会被经常使用。比起现代衣柜的分格分层，古代衣柜只可以存放少量的衣服和棉被。不过，古代衣柜的手工雕刻着实让人拜服，雕刻绘画精美绝伦，尤为重要的是制作过程十分环保。

当古代纳纳遇上现代衣柜

当现代纳纳遇上古代衣柜

广义上"衣"除了衣裳的意思外，还包含"冠帽"，比如我们熟知的"乌纱帽"。

乌纱帽原是民间常见的一种便帽，后来逐渐成为"官服"的一个组成部分。由于乌纱帽在材质和式样上会有不同，以体现佩戴者的不同身份地位，所以古人对它的存放也是格外重视。

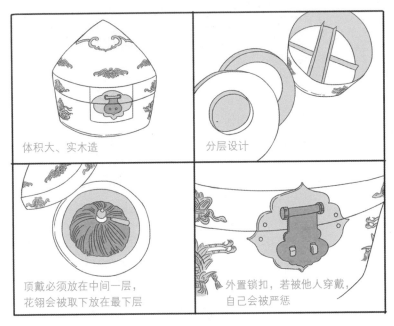

乌纱帽的存放

如果官帽代表的是男子对仕途的追逐，那么妆饰则代表了女子对美的追求。

人面桃花还须粉黛妆，古代女子的化妆步骤和现代比起来，丝毫不逊色。洗面、妆粉、胭脂、画眉、额黄妆（或花钿）、面靥、饰唇……不仅化妆步骤细致，从妆粉、胭脂到唇脂，每一步所用到的化妆品还都有专门的匣子收纳。

　　古人利用铜镜梳妆，可铜镜容易生锈，于是，既能保护镜子、又能收纳化妆品的"镜匣"在闺阁中应运而生。

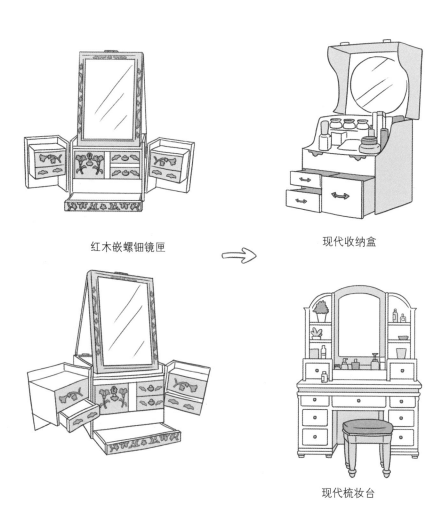

红木嵌螺钿镜匣

现代收纳盒

现代梳妆台

说到梳妆打扮，古代女子还有一种特殊的收纳箱——官皮箱，体积不大，但结构复杂，制作精美。官皮箱并非官用，也不是皮制，而是一种梳妆箱，其花纹雕饰多与婚嫁有关，如喜上眉梢、麒麟送子等。官皮箱可以被认为是古代的一种嫁妆，在女儿出嫁时使用。

箱体前有两扇门

吉祥花纹雕饰

两侧安提手

内设抽屉若干

这些箱箱匣匣，敛于形、涵于内，四方不大却内置万千，组合使用，还能形成一个完整的古代居家收纳系统，匹配生活的每一处细节。相比之下，现在的物资更加丰裕、环境更加便利，我们的生活却依然很"乱"，是不是因为缺少了一些类似古人们的仪式感呢？

古代纳纳的卧室

现代纳纳的卧室

是什么让现代纳纳的卧室变成了这样呢？

盛放食物的盒子要够“色”

提到吃，想必没有哪个国家会像中国一样，抱持着“民以食为天”的态度。在《论语》乡党篇中，更有记载一些“不食”的原则。

论语·乡党篇

食饐而餲，
鱼馁而肉败不食。
色恶不食。
臭恶不食。
失饪不食。
不时不食。
割不正不食。
不得其酱不食。
……

古人对吃的讲究不仅仅体现在菜肴上，他们对待盛放食物的“食盒”也是特别上心。古代食盒的规格很多，大概可以分成捧盒、攒盒、提盒三类，材质就更加多样，有木盒、漆盒、藤盒、瓷盒、珐琅盒，不少还有把手，且做工精巧，庄重典雅，滴水不漏。

- **捧盒 = 礼仪性 + 保护隐私**
- 皇帝生日臣子送礼，或是帝王嘉奖内侍小食，均是放在捧盒里呈送赐予
- 材质轻，多为瓷、漆、木，偶有珐琅和金属
- 造型以便于捧持为主。主要有扁圆形、方形、六角形、八角形、桃形、荷叶形、牡丹形等

- **攒（cuán）= 聚拢，攒盒 = 中间一格 + 周围多格**
- 攒盒多用来装果脯、果饵等
- 比捧盒更轻便，多是纸胎、木胎漆盒，不需隔热保温
- 按照习俗，每家人春节期间都会准备一个攒盒，用作款客之用，发展至今就是"果盘"

- **提盒 = 两根提梁 + 几层格子，古装剧出镜率 No.1**
- 早期是商铺和饭馆用来运送食物的
- 后期还可储藏玉石印章、小件文玩之具
- 小型提盒多用紫檀、黄花梨等贵重木材制成，更有雕漆或百宝嵌装饰
- 硬木长方形提盒带有一定自重，无论挑、提都不会乱晃，避免打翻里面的汤水

到了明清时期，文人对提盒产生了浓厚的兴趣，参与了设计，提盒也逐渐变得精巧起来。

到了清末民初，食盒的功能又有了进一步的扩展。京城里的未婚男女，男方赠送日用衣食等物品给女方，也都是使用食盒来装送。作为传情达意的媒介，食盒也因此具有了浓浓爱意。

古人把"吃饭"当成生活中的大事，不管是贵族官宦家的雕花鎏金食盒，还是乡民野老、农妇村夫家使用的竹编食盒，都取材自然。一件食盒可以传承几代人，透出人与自然和谐共处的亲密关系。

随着时代的发展，食盒逐渐淡出历史的舞台，只能在电视剧中偶然一见。食盒所传递的不仅是延绵不断的饮食文化和记忆，更是对健康、对美的追求，也为我们当下日益注重的生活品质提供了一种参考。千万不要让生活中的那一份用心像食盒一样被时间所吞没。

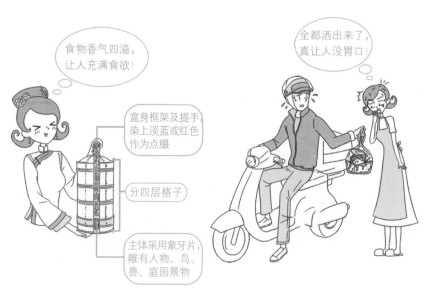

食物香气四溢，让人充满食欲！

全都洒出来了，真让人没胃口！

盒身框架及提手，染上淡蓝或红色作为点缀

分四层格子

主体采用象牙片，雕有人物、鸟、兽、庭园景物

古人食盒 VS 今人食盒

出行有这些才能"说走就走"

读万卷书行万里路，虽然古时出行不像现代这般便利，但古人对于登门拜访、游山玩水的仪式感还是相当看重的。

在当今社会交往中，名片（纸质的或者电子的）被广泛使用，特别是与人初次见面时，几乎必不可少。其实，早在秦汉时期，古代的官员就开始使用名片。那时的名片是用竹木削制的，上面刻着来访者的姓名、籍贯、官职、年龄等内容，专供拜见之用，也可称为"拜帖"。

有了拜帖还不够，古时登门拜访还有特定的流程。

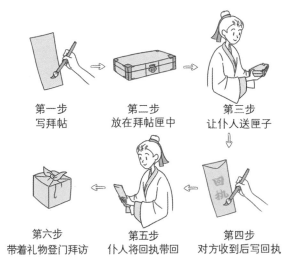

第一步
写拜帖

第二步
放在拜帖匣中

第三步
让仆人送匣子

第六步
带着礼物登门拜访

第五步
仆人将回执带回

第四步
对方收到后写回执

这里提到的"拜帖匣"，其使用者一般都是社会上有身份和地位的显贵们，因此拜帖匣的制作也非常考究，通常选用红木，精致者多用紫檀、黄花梨等贵重名木，大漆镶嵌的也十分常见。

到了晚清、民国时期，名帖开始小型化，拜帖匣也多弃置不用，取而代之的是小巧精致的名片盒。当时除流行象牙镂刻名片盒之外，还有采用紫檀、黄杨木、螺钿、玳瑁等材料制作的名片盒。民间则多用织绣的"名片夹"，色彩绚丽，也颇有特色。

同在一座城内的登门拜访还算容易，出门远行古人可就要下一番功夫了。出行前有一系列事情要做，领介绍信、挑选吉日、收拾行囊、祭祀路神、设宴饯行、折柳赠别等。如今，这其中很多流程都已省去，只有收拾行李是现代出行必不可少的。

古人最简单的行李箱便是"包袱"。

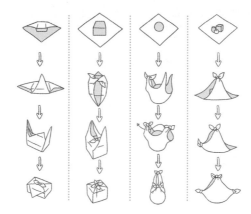

包袱皮的四种常见包法

古人出门远行，虽然没有如今的高铁、飞机，但也会有一些代步工具，常见的如马车、轿子。"轿箱"则是轿文化流行时代的产物，是人们乘轿时使用的存放重要物品的器具。

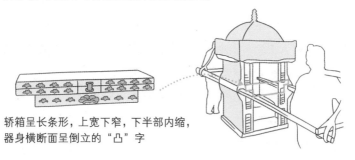

轿箱呈长条形，上宽下窄，下半部内缩，
器身横断面呈倒立的"凸"字

轻巧而又结实，还可遮阳挡雨

对，就是《倩女幽魂》里宁采臣背着的那个

书箱一般是用竹篾编制的

古代书箱　　　　现代书包

乾隆的御用叠桌

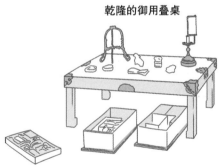

用时可伸开成一个长2尺的小桌子，床上地上都能放，随时随地能写诗

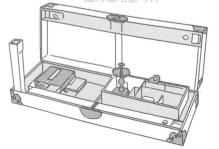

不使用时，桌上的一切都可以收进桌子里

如果是进京赶考的书生，就要背着"书箱"跋山涉水，它类似现代的书包，里面装着书籍和笔墨纸砚等。

古代文人向来喜爱游山玩水，除了随带炊具、餐具之外，还会备有一个"备具匣"，内有小梳具匣、茶盏、骰盆、香炉、茶盒、文房四宝等，还有文具匣、诗匣、股牌匣等。

作为"最早的文艺青年"，喜欢写诗作画、题字盖章的乾隆皇帝，为方便巡游所需，更是将备具匣升级为"乾隆御用叠桌"。

这些古人出行时使用的盒子箱匣，虽然既没有人体工程学的系统理论，也没有所谓的钛金属或高科技材料来支撑，但它们所体现出来的匠人的想象力以及它们本身的仪式感，让我们也能体会到当时人们的生活态度。

/// 住宅格局的"里应外合"///

从某种角度来看，我们一直都住在一个大"盒子"里，不同的是箱匣储物、房屋聚人。

在中国古代的房屋住宅中，不同地域和民族的建筑艺术风格各有差异，但在组群布局、空间、结构、材料及装饰等方面却有着共同的特点——与中国人内敛、宁静、含蓄的个性相符合。其中有一种传统合院式住宅建筑，正是这方面的经典。

四方形是最好的形状

人人都知道三角形具有稳定性，早在远古时代的原始人，就懂得用树枝和兽皮，围绕树或者石壁搭建出一个三角形建筑——棚屋，我们熟知的古埃及金字塔，是三角形建筑的经典代表。

可是，从空间利用率来看，金字塔的体积（假设为标准正四面体），只有相同占地正方体体积的三分之一。在建筑物内部的空间利用上，三角形建筑会给居住者带来诸多格局设计上的困扰，入住后的整理收纳难题也会接踵而至。除非艺术的需要，其实没有人愿意把房屋建成像金字塔这种不太合理的结构。

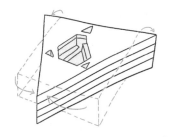 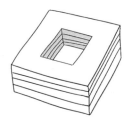

要想同时拥有好的建筑物和好的内部格局，秘诀就是要先决定建筑物的形状，并且把它视为简单的方形。拥有上千年历史的四合院即是如此。

四合院，东南西北四个面各有房屋，合在一起成为"口"字形，方方正正地建在街和巷隔成的方形区域中。打开门与街巷相通，关上门又自成天地、极具私密性，一家人可以在院内穿行采光、通风纳凉、休息劳作，显得宁静而和美。

四合院的四个方向分明，属于坐北朝南的古时建筑设计风格。

从地理环境上来说，坐北朝南的正房与东南角开门有一定的道理。中国北方地处黄河流域，受亚热带季风的强烈影响，房屋建筑面向正南而建是最适宜的，北侧封闭可以抵御冬季凛冽的寒风，南侧开设门窗，便于在冬季接受和煦的阳光，又利于夏季空气的流通。

从城市规划上，四合院的存在使得城市整体呈现棋盘式的布局，四通八达。建筑房屋时不再因为形状的不规则而导致大量土地不能被使用，提高了土地的使用率，而且"井"字形的道路特点让各种交通工具及行人的出行也变得更加便捷，这些都是四合院展现出来的极具代表性的作用。

四合院的存在使得城市整体呈现棋盘式的布局，四通八达

方正有序的四合院

主城

城郊

城门

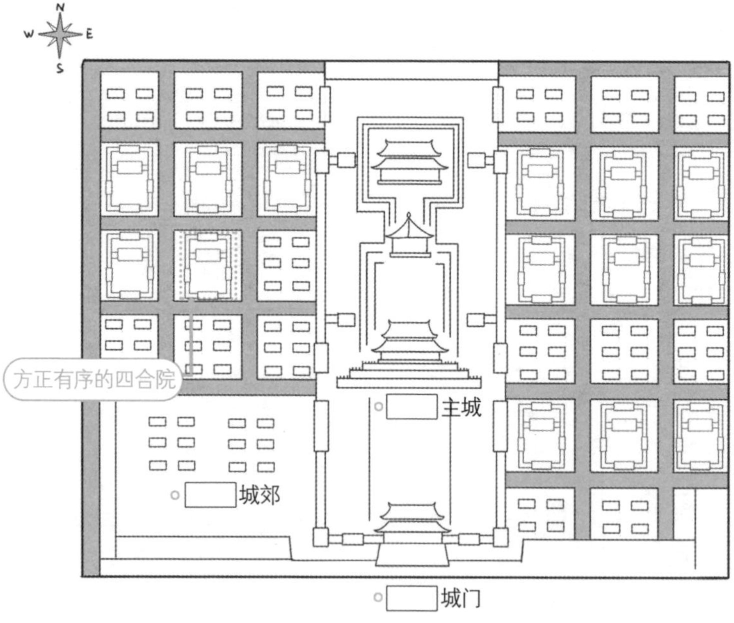

好的格局少不了"洄游动线"

明清时期，最标准的四合院就是"三进院落"。这种院落，从大门步入，迎面是影壁，主要起到遮挡外人视线的作用，制作精良的独立影壁则是主人"有钱任性"的表现。

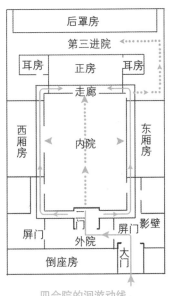

四合院的洄游动线，将所有房屋串联起来

穿过外院便来到二门前，如果日常无重要活动或是遇到雨雪天气，二门一般是关闭的，进入正院需要经过抄手游廊（因形似人交叉握手时，胳膊和手形成的环的形状而得名）。如家中宴请宾客等情况，则会打开二门，方便大量的宾客出入内院。

一圈游廊沿着内院外围，连通二门和东西厢房，东西厢房一般是女儿、儿子等小辈的房间。

走到游廊的远端就到了正房，也就是主人居住的房子。正房两侧紧连着耳房，方便主人当做小仓库或书房使用。在正房的后面，经过第三进院进入后罩房，一般是给家中佣人居住的，方便主人有什么需要时佣人们能第一时间赶到。

内院位于四合院布局的中心，院落宽敞，庭院中植树栽花、饲养金鱼，是人们穿行、休息、劳动的场所。以内院为中心，利用游廊将各个大小房间串联在一起形成的环形动线，便是早期的"洄游动线"。

而随着城市发展，人口增加，土地越来越少，房子越来越贵，小户型的住宅也越来越普遍。"洄游动线"的存在，可以将空间有效地串联起来，保证小户型空间的高效使用。从功能上来看，这样的设置非常方便，炖煮食物的同时可以洗衣服，而洗完的衣服就近在露台上晾晒，干了马上收进旁边的衣帽间，动作一气呵成。

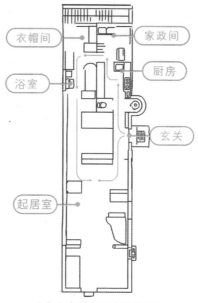

现代小户型住宅的洄游动线，
将所有的家居空间串联起来

虽然动线设计更多属于空间设计的领域，但如果能基于动线来巧妙改善空间的合理性，也能减轻整理收纳的负担。这样看来，这也是对整理收纳更深层次的要求。

通过留白，让空间具备多功能

"留白"一词源于中国书画艺术作品的创作，重在写意，给人留有无限遐想的空间，而西方艺术绘画，追求造型的准确，强调透视、色彩的真实形象，是一种写实的艺术表现。

留白，带来充分的想象　　　　不留白，保持画面的完整

中国传统的建筑空间深受绘画、书法以及诗词意境文化的影响，在传统四合院中，庭院的处理就是留白的一种表现形式。

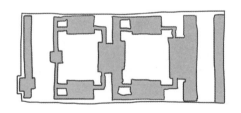

用图底关系来分析四合院，
"白"在图面上是留白处，在空间上却是庭院空间

庭院在物理空间上满足了房间的采光通风需要，同时在日常生活中还容纳了家务劳作、接客待友，休息、聊天、敬神、上香等各项内容。人们在庭院中纳凉、休憩、聚会、闲谈，庭院空间成为一种具有聚会性

质的场所空间。同时，庭院空间作为内与外的衔接，又起到过渡的作用。

由于庭院空间功能的多样性，使得庭院设置更加灵活，庭院围合的介质更加通透，庭院景观的布置更加丰富，庭院空间便具有了"不稳定的性格"。

而在现代小型住宅中，阳台类似于四合院的院落，是室内空间的延伸，也是一种留白，看书、晾晒、休憩等都可以在这里进行。阳台的合理利用，不仅能让生活更有活力，还能创造开阔而富有趣味性的空间。

同样的，在整理收纳的过程中，并不是以"塞满"为目的，也并不是每一个空间都需要有明确的功能，利用好留白，让个别空间具备"不稳定的性格"，反而可以让生活更有韵味。

以夫妻为主体设计房间

四合院有主次、正偏的构成，一方面体现了以男女主人为主体的格局设计，与家庭礼法伦理的秩序融合；另一方面，由于主体空间和公共空间的准确划分，对于家具、首饰、衣物、炊具、食器等日常生活所需物品来说，存放和使用都显得更加便利。

四合院的正房即北房，类似于我们现在房间的主卧，在设计之初，也是充分考虑到男女主人的生活便利性和舒适度。夏天太阳直射，阳光不容易照进房间，冬天太阳光斜射，又容易进入房间，这就是所谓的冬暖夏凉。同时，正房远离门庭、照壁，也能为男女主人提供私密、安静的场所。两侧可增加耳房，通常用作辅助用房或者储藏室，也可以用作卧室或者书房。

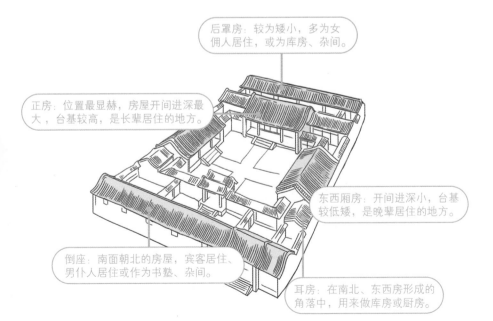

后罩房：较为矮小，多为女佣人居住，或为库房、杂间。

正房：位置最显赫，房屋开间进深最大，台基较高，是长辈居住的地方。

东西厢房：开间进深小，台基较低矮，是晚辈居住的地方。

倒座：南面朝北的房屋，宾客居住、男仆人居住或作为书塾、杂间。

耳房：在南北、东西房形成的角落中，用来做库房或厨房。

这些都为现代住宅的设计提供了很好的参考。在一开始进行空间设计的时候，首先要考虑的就是以哪些人的需求为主。如果感到迷茫，不如思考一下谁会待在这个家里最久。在没有孩子的时候，夫妻会在家里占据更多的时间和空间；有了孩子，就需要考虑儿童房的灵活性，尽量避免采用与房间一体成型的家具，便于随着孩子的年龄的增长做出相应的调整。如果有一天孩子自己独立并离开家的话，之后的日子也会是夫妻二人共同度过，而儿童房又可以通过改造变成书房或者其他兴趣爱好的房间。所以，在设计房间时，一般还是以夫妻二人为主体来进行。

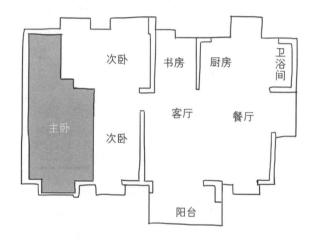

当我们将夫妻二人作为主体来进行房间设计时，就能更加聚焦于两个人的生活起居习惯，从而避免因顾虑太多而给整个房间带来收纳难题。

读后实践

现如今，足不出户就能购物，优惠券发放天天不断，想要抵御来自物品的诱惑，实在是难上加难！但为了自己轻松的生活，格物致知，从一件小事开始做起——

1. 打开手机上的购物APP（淘宝、京东等）
2. 进入购物车，勾选出10件暂时不需要的商品
3. 从购物车中删除这些商品
4. 仔细感受一下删除前的纠结和删除后的轻松
5. 还可以试着挑战一下自己，一键清空购物车

中国古代的先知们
既为我们树立了"格物致知"的思想标杆，
又为我们演绎了精致箱匣背后的生活整理艺术，
还为我们留下了四合院这样具有强烈"整理感"的建筑典范，
这些都荟萃成为中国文化中生生不息的强大整理基因。

另一个方面，
随着与世界文化的不断交融碰撞，
中国的声音一定会融合这些不同的旋律，
形成一种崭新的中国整理文化。

着急想把房间整理好的人经常会发现，
无论家里怎么整理，
还是没多久就会变得凌乱不堪。

这是因为，
我们了解一些收纳技能，
却不了解身边物品，
不了解住宅空间，
甚至不了解自己的生活习性，
也就算不上了解真正的"整理收纳"。

在动手整理前，
让我们重新认识一下它们吧。

动手整理前要了解的

∥ 走出整理收纳的误区 ∥

我们身边会有这样一些人。在旁人眼里,他们可都是整理收纳的高手。可实际上,他们的生活也经常出一些岔子。

"干净的乱"是怎么回事

　　有的朋友家里，每次光临都会给人一种窗明几净的感觉。地板总是一尘不染，茶几物品摆放整洁，连厨房里的调料盒都洁白如初，一间住了几年的房子仿佛刚搬进来不久的新房。

　　了解之后才知道，原来他们大多数都会每周打扫一次房间。而且，他们还拥有一项技能——不管有多少东西，都能够轻易地藏在家里的不同角落，哪怕看上去到处都被塞得很满，下次有新的东西买到家里来，还是有办法再次被藏起来。

　　为什么我们会用到"藏"这个字？因为在朋友家坐上一会儿，就会听到类似这样的对话——

　　"妈，我上次新买的挂烫机你放哪了，还没拆包装的那个。"
　　"我找找……好像不记得了。"
　　"不是你收拾的吗？"
　　……

　　或者是这样的对话——

　　"老公，我想给大家榨点果汁，之前买的榨汁机你放哪儿了？"
　　"我也不知道呀，厨房不是一直是你收拾的吗？"
　　……

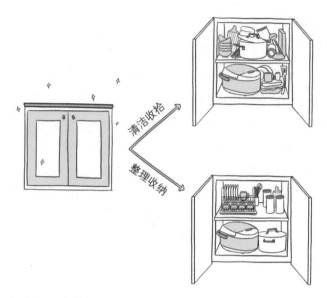

一个外观干净整齐的橱柜，打开之后如果像图中一样，只完成"清洁收拾"而忽略"整理收纳"的这种情况，我们就称之为"干净的乱"。

对于很多人来说，能把家里收拾得干净整洁就已经很不容易了，他们甚至会误认为这已经是整理的高水平体现了。

电视柜的表面很干净，但柜子的抽屉里面很乱。想给电视机的遥控器换个电池，还需要拨开各种遥控器、说明书、保健品、剪刀、零食……最后才能从抽屉的底层找到电池，还是电量已耗尽的废旧电池。

衣柜在关上门的状态下，看上去也很清爽，但打开衣柜的瞬间，坍塌的衣服扑面而来。想找到去年那条波西米亚风格的沙滩裙，把整个衣橱翻个底朝天还是没找到，无奈之下只能重新买一件。

像这些情况，相信身边很多朋友的家里都存在，看似生活在干净整洁的家里，可生活的状态却是混乱不堪。对于喜欢收拾房间的人来说，仅仅做到这种"干净整洁"的状态，肯定不是他们的初衷，还需要"整理收纳"的介入，才能让一家人生活在整洁和有序的环境中。

如果说，清洁收拾就像是给家里"洗澡"，那么整理收纳则更像是给家里"推拿"。

试想一下，如果我们很久没有运动，突然有一天和朋友打了一场羽毛球，就算是回到家马上沐浴更衣，到了第二天，还是会全身酸痛。这时，如果家里人懂推拿按摩，帮自己按摩一下酸胀的小腿，放松一下上臂的肌肉，起到疏通经络的作用，就能有效地缓解肌肉的疼痛感。

其实我们给家里清洁收拾就类似于打完球后的沐浴更衣，只能去除家里不同区域表面的污垢杂物。随着整理收纳

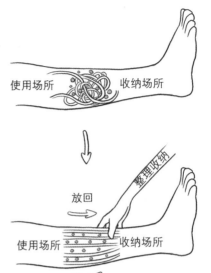

整理收纳是给家里"推拿"

的加入，物品在收纳场所和使用场所之间能够顺畅流通，就如同推拿能够舒筋通络一样，此时家里物品流通不畅而带来的种种问题也就能迎刃而解。

整理收纳与清洁收拾对比起来，还有一些不同之处。

	对人	对物品	对空间
清洁收拾	可以完全交给他人	去除物品表面的灰尘和污垢，然后摆放整齐	去除空间里（如墙角、地面、天花板等）存在的灰尘或污垢
整理收纳	需要自己参与。清楚自己的生活习惯，了解自己想要的生活方式	根据人的生活习惯规划适合的位置去收纳	根据生活动线、身体特征等规划收纳空间，提升使用便利性和空间收纳力

"整齐强迫症"并没有错

身边还有些朋友，他们的生活看上去比我们更"讲究"——戴耳机前必须确认左右耳，调音量一定要调到自己顺眼的数字，人民币面额从小到大正面在前放进钱包，切水果要切成宽度大小完全一样的，甚至饮料的摆放也一定要保持标签朝向一致。

这些"讲究"，其实就是"整齐强迫症"的表现。在生活中，当我们遇到这样一群人的时候，往往会说"又犯强迫症了"。然而，就整齐强迫症本身来说，并没有对错，它更多的只是一种惯性行为，大部分人会这样做只是因为这能让自己很舒服。

不过，这与我们提倡的整理收纳是两种概念。整理收纳，更多的是一种主动思考引导下的行为，具有很明确的目标。

整理收纳不是为了放得好看，而是为了方便地辨识和拿取

了解自己真正想要的物品、情感等，找到属于自己的生活方式

整理是为了个性地、便捷地、利用所"有"，找到所"求"。

每个人的性格爱好都不一样，整理首先应该尊重每个人的个性

已经拥有的物品，做到物尽其用，从而发挥其最大的价值

只要给自己找到一个明确的目标，有整齐强迫症的人就能很容易变成整理高手。这是因为他们对于"乱"的敏感度，比大多数人都要高；而对"整齐"的追求，也会让他们想出各种收纳高招。比如冰箱里的饮料虽然摆放都很整齐，但经常会放到过期，为了改变这一现状，他们可以定下一个目标——让冰箱里的饮料都在最佳饮用期内被饮用，此时他们就可以按照保质期的先后顺序收纳。同时，他们也会尽可能地利用冰箱收纳盒和标签来满足整齐有序、颜色统一、兼顾提醒等严苛的追求。

更加不可思议的是，整齐强迫症除了能让人成为整理收纳高手，也能让人成为艺术家，比如瑞士艺术家乌尔苏斯·威尔利。

当沙拉不是用来吃的时候，就是一种艺术

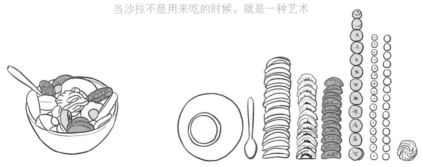

瑞士艺术家乌尔苏斯·威尔利作品

"物归原位"好像差点什么

一本儿童绘本中讲了这样一个故事。

主人公正在经历特别麻烦的一周。周一，他找不到自己的帽子了，导致中午在外面吃午餐的时候，一枚鸽子屎落在自己的头上。周二依然很糟糕，他的鞋子又不见了，光脚坐公交车，人们都避而远之。接下来，他的衬衫也不见了……最后，主人公发现只要把所有的东西放回原处，东西就很容易找到，生活也变得容易得多。

用过的东西要放回原处，这是我们从儿童时期就会受到的教导，而对于孩子整理意识的培养，我们确实可以从这一点开始（详见第六章）。

不过，在即将要开始系统地做整理收纳之前，我们需要先忘掉这句话。

比如，我们在办公室随时用到的中性笔，原本是放在抽屉里的，每次使用完都放回抽屉似乎是个不错的举动。可是，这种看似好的习惯其实只是收拾，是一种"善后"的思维方式。

而整理收纳，是一种"准备"的思维方式。首先要做的是，确定好这支笔放在哪里最合适，这个"合适"有多个判断标准，包括根据自己的使用频率、左右手的习惯、视觉上的美观度等。在综合确定好这些之后，才是物归原位的收纳原则。

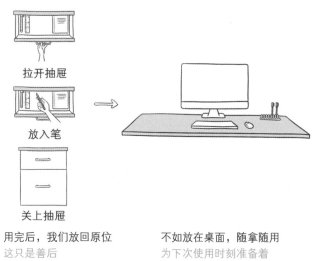

拉开抽屉

放入笔

关上抽屉

用完后，我们放回原位
这只是善后

不如放在桌面，随拿随用
为下次使用时刻准备着

"空无一物"你受得了吗

电视剧《我的家里空无一物》让我们认识到了另一种生活态度。女主麻衣居住的整个屋子空荡荡，就像一间样板房。难得有朋友来她里做客，看到什么都没有的客厅，朋友们都懵了，她们甚至怀疑她是不是刚搬家没多久。

这种生活态度，目前有很多人在效仿。不过到最后他们发现，自己的家确实是看上去空无一物了，可是生活起来却十分难受。浴室柜上没有漱口杯，毛巾架上没有浴巾，客厅里没有沙发……这样的生活，真的适合大部分现代人吗？自己和家人真的能够接受吗？

对于"空"，或许我们可以借鉴佛教的解释。"空"不是字面理解的"空了，什么都没有了"，而是物质的变动，是对世间事物变化过程的描述。

我们把玻璃杯比作房子，砖块、可乐、石子、细沙，则分别比作家具、爱好用品、家电、生活用品。显然，不同家庭的配比是完全不同的。

如图所示，"空"并不是指杯子里什么都没有，而是指按照家庭的喜好，给杯子中加入一定量的砖块、细沙、可乐、石子。

家具 爱好用品 家电 生活用品

房子

A家庭
重视家中生活
细节的四口之家

B家庭
娱乐至上的
小两口

C家庭
追求平淡简约的
三口之家

因为居住环境、家庭经历、个人喜好都在不停地变化，一个家庭在不同阶段加入物品的量会不一样，不同家庭面对不同物品的种类，加入的量也会不一样，而每个家庭要做的就是在变化中找到家人们的舒适点。

家里物品的多少，取决于主人的生活习惯和欲望，以及主人对物品的掌控能力和房间的大小。做整理收纳，从来不是为了压抑人的欲望，而是根据主人的生活习惯和居住环境，找到一个平衡点，不多也不少，这才是整理收纳带来的效果。

∥∥ 走进整理收纳的核心 ∥∥

如何找到上文中提到的平衡点？如何控制物品整体的数量？整理收纳又应该考虑哪些因素？接下来，我们将一一解答。

了解自己，找到困扰的根源

面对一屋子的东西，有人说，给我换个大房子，家里就不会乱了；也有人说，等我把家里的东西都处理掉，就没事了；甚至还有人会开玩笑地说，"断舍离"掉老公和孩子，一切就能恢复正常了。

其实这样做仅仅是治标，而不是治本。在整理收纳的过程中，最根源的、恰恰也是最容易被忽略的就是——了解自己。

1. 先了解自己的"口味"

每个人或家庭的生活方式不同，身边需要整理的物品数量和种类也不同，其收纳所需要的空间也随之不同。喜欢户外运动的家庭，要怎么收纳相关的装备，收纳好的装备方便在车上装卸吗？喜欢烘焙的家庭，要怎么收纳各种小工具，厨房里有足够的位置来安置它们吗？

世界再嘈杂，也要听听内心的声音。试着问自己或家人一个问题，"我（们）想要什么样的生活方式？"

试着填写雷达图，来看看自己是想要哪种生活的人，或者自己的家庭是属于哪种生活状态的。

（1）根据实际情况，在雷达图的五条分支线上，用"·"标记出匹配自己情况的节点（1为最不匹配，5为最匹配）。

（2）将标记好的5个"·"用直线连接起来。

（3）根据直观看到的五边形，即可判断出自己或家庭的整体偏好。

（4）根据图中给出的建议，重点规划对应的空间。

喜欢购买衣物的人

必须考虑打造衣帽间，需要拥有一眼就能掌握所有衣物的环境，同时有利于定期处理旧衣物。

—— 纳纳的生活状态

喜欢购买食品的人

在厨房附近或者厨房内，设立食品库。层架的深度不宜过深，尽量保证后排食物也能够看到，防止食物过期。尽量不使用冰箱作为长期收纳区域。

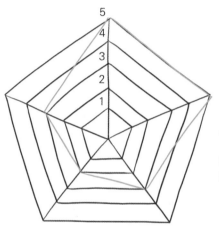

喜欢购买日用品的人

在家人聚集的客厅或走廊等场所，需要划分一个稍大的收纳空间。打造出一个家庭成员使用完毕后都容易放回原位的区域，时刻保持容易整理的状态。

喜欢购买餐具炊具的人

除了平常使用的橱柜，还需要在厨房内留专门的收纳空间，容纳不常使用的电烧烤架以及各种西式、日式料理工具等。但要尽量设计得方便拿取，否则以后都不会拿出来使用。

**喜欢购买兴趣物品、
学习用品的人**

必须先区分是否为高频率使用，不常用的物品放在不好拿的地方也没关系。常用的物品需要按照不同使用场景分别集中，再统一收纳在储物间、书房、阁楼等空间。

生活方式雷达图

2.认知得越清楚,整理起来越容易

对于"人"的自身认知,除了认识自己的生理属性(如身高、体重、肤色、体态、健康状况等)、心理属性(如兴趣、能力、性格等),还要清楚自己的时间分配、财务状况,进而更全面地认识自己。

千万别为了活成大家都喜欢的样子,
而忘了自己真实的样子

心理属性

- 兴　　趣:烹饪、旅行、整理收纳等
- 技　　能:有心理师资格证、园艺师证、整理师证
- 性　　格:细腻体贴、开朗,带一点完美主义
- 教育水平:本科

财务状况

- 收入情况:0(目前在家做全职太太)
- 资　　产:10万元
- 住　　房:婚前住房一套,价值150万元
- 汽　　车:婚前购车一辆,价值18万元
- 其　　他:结婚时的首饰一套,价值20万元
- 负债情况:无

生理属性

- 身　　高:168cm
- 体　　重:保密
- 肤　　色:白皙
- 体　　型:中等偏瘦
- 健康状况:200度近视

时间分配

- 6:30　起床,准备早餐,和家人一起用餐
- 7:30　送孩子去小区幼儿园
- 8:00　慢跑、拉伸等锻练
- 9:00　买菜,打扫、整理房间
- 12:00　午餐、午休
- 14:00　参加烹饪班
- 16:00　去幼儿园接孩子,回家后准备晚餐
- 18:30　跟家人一起晚餐
- 19:30　陪孩子玩、聊天,给孩子洗澡、哄孩子睡觉
- 21:30　自己追剧
- 23:00　睡觉

全职太太:纳纳

当我们对自己有了一个清晰的认知，接下来，去试着想想自己未来想要的生活方式。由于每个人的生理属性、心理属性、财务状况都不尽相同，只有"时间"除外，因此，在设想自己未来的生活方式时，我们可以按照时间线来仔细描述自己的一天，从早上起床到晚上入睡，精确到每小时每分钟、每个细节。

以图中女主人"早上起床到出门"这一小段场景来举例。

透过自我认知，我们可以了解到现实生活中哪些习惯是可以保持的，哪些是和理想的生活状态存在差异的，从而在后续的整理收纳中，做到更精准地有的放矢。

时间	理想生活方式下要做的事情	对比现在需要的调整
6:00	起床、伸展运动	以前是6:30起床，需要调整起床时间
6:10	悉心洁面/护肤，可以多拍点爽肤水	
6:20	冲泡香草茶，边刷微博边从容享受早茶时光	
6:35	去阳台摘蔬菜，边做沙拉边听音乐	需要在阳台腾出种植空间
6:50	边考虑搭配边换衣服	衣柜太乱，需要重点整理
7:00	在窗边明亮处化淡妆	化妆台采光不好，需要调整
7:15	检查当天分享的资料	资料一般就随手丢在沙发上，需要有专门的收纳空间
7:30	挑选、擦拭鞋子，出门	鞋子太多，需要增加收纳的地方
……	……	……

3. 扮演好人生的不同角色

对于自我认知，还有一个重要属性——社会属性。在前文第 2 章中曾经提到"君君臣臣父父子子"，这是孔子在告诉我们，从某个角度看，人生就像一个大舞台，每个人都有意无意间，在不同的场合上演着一出出以情感生活和事业为背景的悲喜剧。每个人都是自己这部人生大戏的主角，也会是他人人生大戏中的配角。

以一个成年女人为例，她至少需要扮演 10 个角色，在情感生活剧中，要扮演为人母、为人女、为人妻、为人友、为人敌这 5 个角色；在事业生涯剧中，要扮演为领导、为下属、为同事、为服务者、为消费者这 5 个角色。

从社会分工来看，每个人又会有不同的职业特色，比如，白衣天使救死扶伤，人民教师有教无类。

舞台，不论是金碧辉煌的皇家大剧院，还是温馨亲切的小剧场，都不是最重要的。每个人在自己不同的人生阶段、不同的社会分工中，根据自我认知，找到并且扮演好属于自己的角色，才是最重要的。

4. 敢于正视自己的欲望变化

从单身贵族变成人妻，从妻子变成母亲……伴随着不同角色之间的转变，人的欲望肯定会改变，会产生不同的需求，对于理想生活方式的设想也会发生变化。

一个人单身的时候，"买东西不看标价"也许是自己最想要的生活方式，小羊皮、神仙水都能给自己带来无限的乐趣；有了孩子以后，一个懂事孝顺的孩子也能为自己带来很多欢声笑语……

不同人生阶段的理想生活

单身贵族的狂欢　　　　　　　成为母亲的幸福

我们再次强调，整理收纳绝对不是压抑人的欲望，而是要鼓励大家敢于正视自己欲望的膨胀。通过整理收纳的过程，找到自身能力或外在环境无法匹配欲望的地方（比如购买能力、时间精力、空间实力等），然后控制和利用好自己的欲望，逐渐找到平衡点，借此让自己能够在不慌不忙中迎来崭新的生活。

生活的"装备"，物品的真正价值

很多家庭都会抱怨"家里东西太多了"，然后就会进入"扔完再买"和"买完又扔"的循环中。

第二章中，司马光的故事告诉我们，"格物致知"是一个很好的办法，就是要从物品进入家里之前在源头上进行控制。

1. 物品的增长代表着我们的成长

大学毕业、初入职场、谈恋爱结婚、有小孩、与老人同住、小孩上学、迎来二胎……人的一生都在不断地成长，而成长的轨迹中物品的数量会越来越多。别太在意，只要我们在成长，"乱"的出现就是必经的阶段。

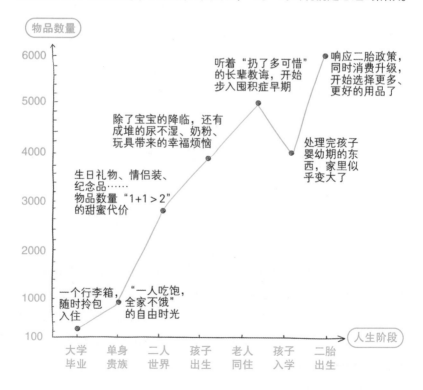

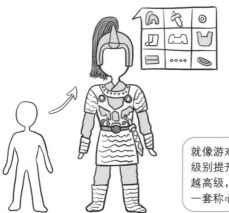

就像游戏里的打怪升级，随着级别提升，装备也会变得越多越高级，不过，最终总会趋于一套称心如意的精良装备

2. 给物品做好分类，避免重复

动辄上千上万件的物品，如果没有一个清晰的分类，很容易造成重复购买、囤积遗忘。同时，为了日后的整理收纳所需，我们可以从这五个大类八个小类来认识它们。

知识点

现用物品：日常会使用的家庭共用、个人物品，还可如后图所示进一步细分

储备物品：批量购买、需存储备用的，比如卷纸、纸尿布、家庭装沐浴露等，需要特别注意保质期，结合家庭成员的使用频率，计算出可存储的最大量

计划物品：计划未来几个月后使用的，比如待产时必备的物品等

纪念物品：具备纪念意义的，比如奖状、情书、婚纱、宝宝的乳牙等

客用物品：方便客人来访居住用，比如浴巾、床单、牙刷、拖鞋等

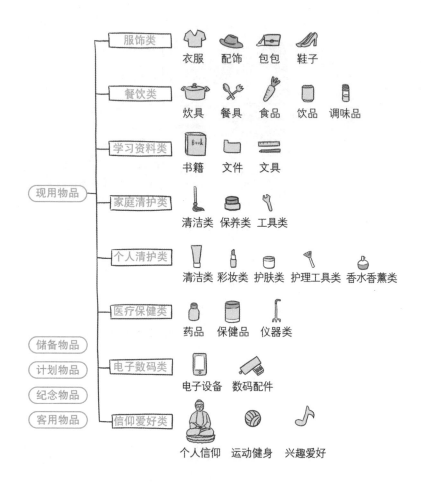

服饰类 — 衣服 配饰 包包 鞋子

餐饮类 — 炊具 餐具 食品 饮品 调味品

学习资料类 — 书籍 文件 文具

家庭清护类 — 清洁类 保养类 工具类

个人清护类 — 清洁类 彩妆类 护肤类 护理工具类 香水香薰类

医疗保健类 — 药品 保健品 仪器类

电子数码类 — 电子设备 数码配件

信仰爱好类 — 个人信仰 运动健身 兴趣爱好

现用物品
储备物品
计划物品
纪念物品
客用物品

3. 别被沐浴露"洗脑"了

我们都经历过这样的事：在拥挤的地铁或是鸡尾酒会上，虽然周围很吵，可能连手机响都听不到，但是如果有人叫自己的名字，即使他声音不大，你还是会注意到，这就是著名的"鸡尾酒会效应"。

明明周围很吵，我们以为自己没有接收到任何信息，可是，鸡尾酒会效应的存在，恰恰说明在大脑中暂存的内容比实际意识到的内容要多出很多，只不过，大脑选择性地让我们注意到了需要注意的那部分内容。

可见，我们的大脑时刻都在接收信息。即便大脑本身不擅长精准记忆，可以帮我们忘记掉那些不重要的信息，但身边繁杂的信息还是会不断地占据大脑的暂存空间，使人不自觉地产生烦躁的情绪。

我们一起来设想一下以下画面。

我们紧张工作了一天，拖着疲惫的身体一进家门，看到小孩在客厅玩着花花绿绿的玩具，听到从电视机里传出听不清的男女主对白，闻到从厨房飘来混杂的油烟味，这时的自己，也不知道为什么就开始心神不安、莫名心烦。

环顾身边的每一件物品，哪怕是一瓶简单的沐浴露，进入大脑的信息量都不容小觑，它们通过我们的视觉、嗅觉、触觉等传递给我们其颜色、材质、成分、容量、功能、香味等，抢占着我们大脑的暂存空间。

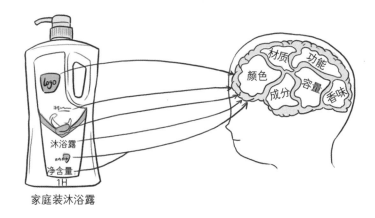

家庭装沐浴露

试着将家庭装沐浴露倒入纯色的分装瓶中，除了节省空间，更重要的是减少了我们大脑内信息的输入，让大脑得以休息放松。

白天工作时，大脑已经高强度、高密度，或主动或被动地接收了许多信息，试着统一或减少家中的一些色彩，还大脑一个喘息的机会。

4. 物品的价值体现是"被使用"

这是人与物品关系中更深层次的理解。如果一个物品被购买或是被制作出来了却没有被使用，那么物品本身想传递的价值就被浪费了。

这种价值体现在两个方面：情感价值和资源价值。

在某些文化理念中，所有的物质都有生命，问题在于如何唤醒它们。当使用者细心接触并使用得当的时候，总能体会到创作者和制造者的用心，而此刻这件物品就实现了它的宿命。

价值一
情感价值——蕴含着创作者、制造者的情感

希望用食物给丈夫、孩子带来健康，希望浓浓的饭菜香味让家里充满温暖，希望在外工作辛苦一天的丈夫、学习繁忙需要补身体的孩子能够因这一桌美味而忘掉疲劳。

如上图中，如果孩子和丈夫都能好好地坐在餐桌旁，细心地品味美食，就能感受到来自女主人的那份呵护和关心。这样，女主人用心准备的美食完成了自己的使命，夫妻之情、母子之情也可以得到更好的培养。

价值二

资源价值——对物品的高效利用也是对自然资源的一种保护

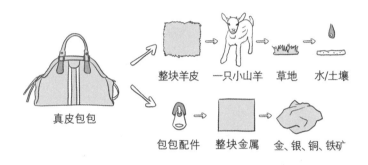

真皮包包　整块羊皮　一只小山羊　草地　水/土壤

包包配件　整块金属　金、银、铜、铁矿

除了皮包，衣服的浪费也很严重。据统计，英国人如今拥有的衣物数量是30年前的4倍，每年新购衣服28公斤，值得注意的是，每年有同等重量的衣物被扔进垃圾桶，尽管它们远算不上旧衣服。

身边难免有一些"收集癖、试色癖、囤积癖"的存在，他们占有了相当多的物品。如若这些物品真能发挥作用，给人带来快乐也罢，但如果多是一时冲动盲目购买，物品也就失去了效用，造成了资源的浪费。

"物尽其用"并非是一种不富裕的表现，相反，这恰恰是当今生活水平提高后，人们在"品质消费"的理念下，更加理性地购买和使用身边物品的一种表现。毕竟，大多数人还是明白——财物是自己的，可资源是世界的。

总的说来，正确看待物品数量的增加、积极了解它们的分类、认清其本质，这才是我们面对这些生活"装备"的正确态度。

必须拥有的几种空间

正如我们前面讲到的，随着一个人进入不同的人生阶段，家中物品数量会逐年增长；随着物品的增多，也需要更大的空间。那么，有一个大空间就能解决所有收纳难题了吗？

有资料统计，中国家庭中有89%的人很难在家里找到所需要的东西，其原因并不是没有足够大的空间，而是家中至少有20%的空间没有得到合理的规划和利用。

1. 家里需要各种样式的"交通设施"

如果把汽车、飞机等不同交通工具比作物品，
那么城市需要的不同交通设施就如同家里需要的不同空间

路面道路 | 工作台面
为了做事而暂放物品的地方，需要保证流通，不能让物品长时间滞留

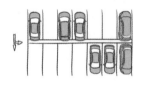

停车场 | 储藏室
存放不需要快速流通的物品，一旦放进去，就暂时不会移动

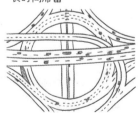

高架桥 | 层架、柜子
在有限的平面上，利用合适的高度差，将物品分层收纳于一处，不同层之间互不干扰

空中航路 | 柜顶、阁楼
在高处预留一些空间，为日后增加的物品提前做打算，同时更加有效地利用整体空间

如果城市只有一种行车道路，就会出现交通瘫痪的状况，更会有人随意将车开到人行道上，人和城市都会笼罩在危险与不安的氛围中。

同样的，我们有很多东西想放在家里，就需要规划出多种收纳空间，还要保证使用时不会受影响。

2. 运用收纳空间的覆盖率和容积率

在现代城市规划中，关于建筑物有两个数字——覆盖率和容积率。

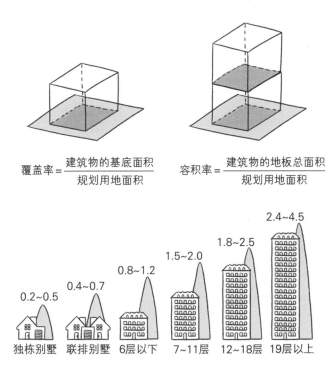

$$覆盖率 = \frac{建筑物的基底面积}{规划用地面积} \qquad 容积率 = \frac{建筑物的地板总面积}{规划用地面积}$$

不同建筑形态容积率的合理建议

为了方便其在整理收纳中的运用，我们重新定义了这两个数值。

对于整理收纳而言，一方面需要通过规划一定数量的收纳空间，来提升覆盖率，另一方面则要针对某一收纳空间，利用合理的收纳家具、收纳工具，来提升其容积率。

3. 三种方法提升覆盖率和容积率

方法一

给家里规划不同的收纳空间

储藏间

适合存放客用物品、库存物品，强季节性物品（电暖气、电风扇）、异形物品、大件物品

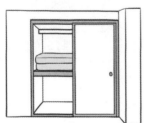

嵌入式壁柜

尽量选择内部分隔少的，依靠收纳工具灵活调整收纳方式。房屋中的非承重墙可以转变成此类，适合收纳棉被等床上用品

可储物地台

格子多，适合存放尺寸中等、使用
频率不是很高的物品

生活阳台

住宅中的"留白"，通过敞开置物架、
家政柜等改造成存储小仓库，适合存放
储备家居日用品，如家庭装沐浴露等

集成柜

能"顶天立地"的集成柜是首选，适合
存放各类厨具用品

方法二

为大空间配备合适的收纳家具

抽屉是最好的收纳家具，可以适用多种收纳方式，并可
在"隐藏"和"透明"之间随意切换（闭合—拉开）

抽屉柜

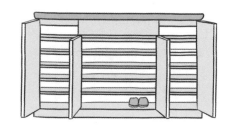

鞋柜

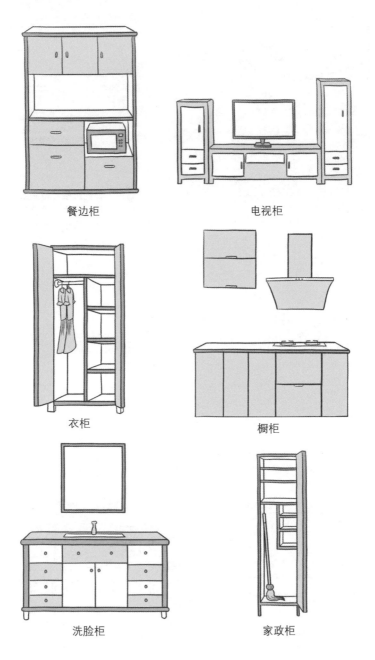

餐边柜

电视柜

衣柜

橱柜

洗脸柜

家政柜

方法三

为小空间挑选合适的收纳工具

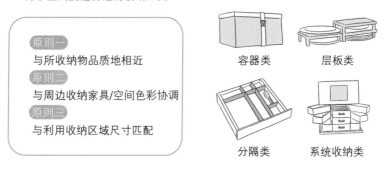

原则一
与所收纳物品质地相近

原则二
与周边收纳家具/空间色彩协调

原则三
与利用收纳区域尺寸匹配

容器类

层板类

分隔类

系统收纳类

　　同时，值得注意的是，切忌一味地提升覆盖率和容积率。在不更换房子的情况下，收纳覆盖率过高，势必会影响家中的操作区域和公共区域；而容积率过高，则会给家中带来"太满"的感觉，还记得四合院教给我们的"留白"吗？

过高覆盖率＋过高容积率，不是家，而是仓库！

一般情况下，综合覆盖率和容积率来做收纳空间规划时，使收纳空间占房屋空间的 12%~15% 会是一个比较合理的状态。

对于一个四口之家来说，所需的收纳空间可参考下图

橱柜下方用品1.2m³

厨房
33m³

阳台

食品4.72m³

卫生间

儿童房
43m³

鞋子等出门用品3.36 m³

儿童衣物、玩具等8.96m³

客厅、餐厅
140m³

主人衣物15.4m³

生活用品8.4m³

主卧
84m³

阳台

收纳空间占住宅整体的14%

不用担心收纳空间够不够用的问题。如同我们前面说的，"人"才是困扰的根源，只要让物品更好地流通，而不是囤积在家中，这些收纳空间就足够了。

4. 别在家里"占道停车"，才能更方便地使用物品

除了上面所讲的收纳区，我们还需要在家里划分出明确的操作区。

切记，操作区和展示区不是收纳区

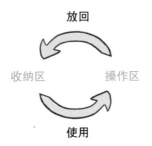

放回

收纳区　　　　操作区

使用

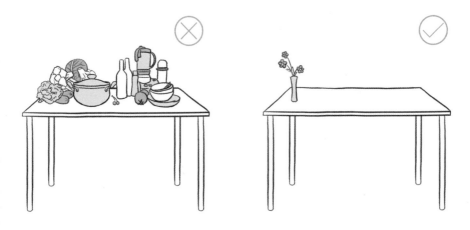

操作区 ≠ 收纳区

5. 打造一点私人的空间

家里大部分的空间都是一家人共用，但一些私人的生活空间也十分重要。譬如在自己的空间里自由摆放家具，并用充满回忆的纪念品加以装饰，借此打造自己喜爱的生活空间。哪怕仅仅是衣橱里那些属于自己的独立隔层或抽屉，也能确保个人的充实感 。

打造一个在一起很安心，独处也能很充实的空间

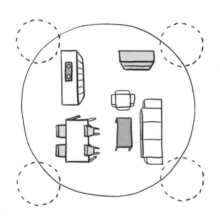

共用的空间

比如客厅、餐厅、玄关、厨房等都属于可共用的空间，而这些空间本身就能成为建立私人空间的基础

私人的空间

一般是指反映个人个性嗜好的区域。以书房为例，如果怕打扰想独处，可选择远离家人聚集的位置并且以墙面隔断

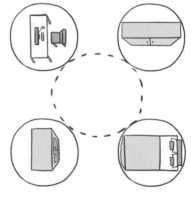

人、物和空间息息相关

到这里可以发现，人、物、空间在生活中分别扮演着不同的角色，而整理收纳，就是帮助我们平衡人、物、空间三者关系的一种行为。

拿生活中最常见的杯子为例，来看看它们之间的联系吧。

1. 人、物、空间两两之间的关系

对于人和杯子之间的关系，我们需要这么思考，想要一个杯子，还是需要一个杯子？很多人认为整理就是扔东西，其实在扔之前，我们要明确东西的一个简单属性，"需要"还是"想要"。

 知识点

如何区别"需要"和"想要"：

◆ "需要"更多指的是生活所必需的用品
◆ "想要"则是人情感上的诉求，比如朋友送的礼物、旅行纪念品等
◆ 当我们通过前面的测试了解了自己想要的生活方式后，这个判断会更加容易

人与物的关系

每去一个国家旅游都会买一个马克杯收藏

如果只是用来喝水，一个杯子就够了

对于杯子和房间的关系，单一来看就是，哪些地方能放杯子，或者说杯子匹配哪些地方？这种匹配，包括颜色、形状、大小、质地、用途等。

首先，我们要排除掉洗手间、卧室这样的非收纳场所。其次，根据马克杯的不同属性选择不同的位置。如果是"喝水"用的，那就可以选择放在客厅或者厨房，如果是"纪念品"观赏回忆用的，就可以选择放在书房或者客厅。

考虑人和空间的关系，就是如何放才能让杯子使用时更方便、顺手。

首先要考虑的就是动线。比如需要的杯子，不论是从主卧去拿，还是从厨房去拿，放在客厅都能保证最短的动线。另外，在确定了区域之后，具体放置的位置也很重要，比如可以根据使用者的身高等来决定放在什么位置最顺手。

物与空间的关系

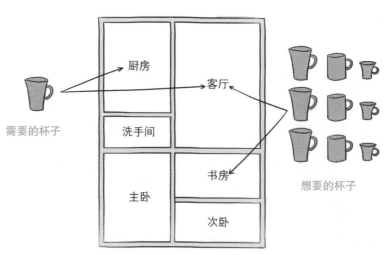

人与空间的关系

厨房 →
→ 客厅

洗手间

主卧 书房

次卧

需要的杯子，动线图
主卧 → 客厅8m
主卧 → 厨房10m
客厅 → 厨房2m

2. 物品的数量会变化，人和空间如何应对

对于"需要"属性的物品，在过量、变质的情况下，我们可以通过舍弃等方式来减少其数量，毕竟并没有太多感情附加在它的上面。

但对于"想要"属性的物品，就不能简单舍弃了。这时，我们可以学习司马光，通过对自己欲望的控制来减少杯子的增加。如此一来，整理收纳这些杯子时需要的精力、空间等就会减少，自然会觉得比之前轻松。

哎，这么多杯子，放在哪儿好呢?

不过，既然是把杯子当成自己旅行的纪念品，自己又不想压抑"想要"的欲望，杯子的数量肯定就会越来越多。

这个时候，就需要想办法找到能与这些杯子匹配的空间，解决空间不合理或者不足的问题，比如利用层架来置放，甚至可以考虑更换一个房间来存放。

这里要强调的一点是，随着欲望不断膨胀，带来的必然是杯子的增多，那么需要我们的时间精力、应对能力和空间大小等与之匹配，否则，混乱就会随之而来。如果没有办法来应对，就必须控制自己的欲望，以此来减少杯子的数量，从而保证人、杯子、空间之间的平衡。

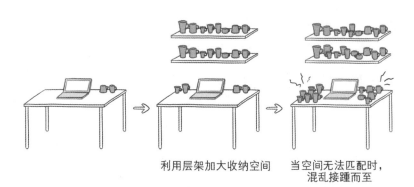

利用层架加大收纳空间　　　当空间无法匹配时，
混乱接踵而至

3. 整理收纳就是在人、物、空间中建立一种秩序

在我们不断地将个人的欲望、数量、空间做匹配激烈"斗争"的时候，整理收纳带来的"秩序"就在潜移默化中完成了。因此，我们说，整理收纳，就是在人、物、空间三者之间建立一种秩序。

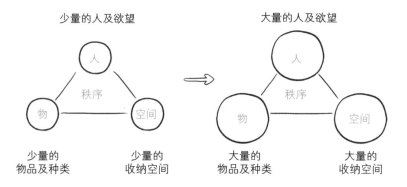

人、物、空间三者如果能均衡发展，便能保证秩序平衡

少量的人及欲望　　　　　　　　大量的人及欲望

人　　　　　　　　　　　　人

秩序　　　　　　　　　秩序

物　　　　空间　　　　物　　　　空间

少量的　　　　少量的　　　　大量的　　　　大量的
物品及种类　　收纳空间　　　物品及种类　　收纳空间

因为秩序的存在，我们能看到大自然中花开花落的葱绿与金黄，感受冬去春来的寒冷与温暖，我们还能看到人类社会中各司其职的专注和高效、各行其道的安全和通畅。

对于我们每个家庭、每个人，在生活中能够拥有秩序，也是一件很幸福的事。一个社交达人，参加聚会是最常见的事，秩序可以让她在衣橱里迅速找到合适的礼服及配饰，秩序使她可以从容面对每一个计划内甚至临时的聚会。

一个厨房高手，总是能烹饪出美味可口的佳肴。下锅、翻炒、加调料等信手拈来，灶台上的配料有序地摆放着，绝不会出现手忙脚乱打翻酱油瓶的情况；同样的，需要烹饪的各种食材在冰箱中也都有属于它们的组合和存放方式，以便于能够被准确地找到。这些秩序是她可以顺利准备每一次家庭聚餐的筹码。

相反，当家居一直处在混乱的局面，肯定是原本该有的秩序没有建立，或者是原有的秩序被一些突发状况（比如搬家、生孩子等）打乱了。只要有一方面发生变化，就会发生混乱。

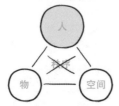

大量的人及欲望

少量的物品及种类　少量的收纳空间

当"人"产生增长时，不论是家庭人数的增加，还是个人喜好变化等，如果没有足够的物品和足够的空间来匹配这些变化，都会给新成员的生活带来不便，让人的幸福指数急剧下降。

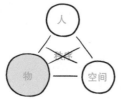

少量的人及欲望

大量的物品及种类　少量的收纳空间

当"物"产生增长时，不论是获赠的还是购买的，如果人没有更多的精力去分类、处理、使用这些物品，并且家里的空间也不足够容纳它们，混乱就会接踵而至。

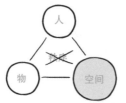

少量的人及欲望

少量的物品及种类　大量的收纳空间

当"空间"产生增长时，比如从一室一厅换成三室两厅，如果人不去主动调整行为习惯、行动路线，也不配合各个房间进行生活用品的补充、家具的补充，那么，生活并不会觉得更加便利和幸福。

　　一个良好的生活状态，秩序是随着各种状况而变化的。这些状况可能是结婚成家、生儿育女、升职加薪、乔迁新居、三代同堂……这些人生经历的变化；也可能是传真被电子邮件代替、座机被手机代替、现金被扫码支付代替……这些科技进步带来的变化。不论哪种变化，人、物、空间之间的平衡都没有被打破，秩序也始终存在，这种动态的平衡也是整理收纳后最理想的生活状态，我们称之为"秩序有道"。

⫽ 开始整理收纳的步骤 ⫽

想要一口气把所有房间整理完，却始终半途而废？掌握了各种收纳技能，却还是感觉无从下手？辛辛苦苦整理好的房间，不到一天就被家人弄乱？不妨试着用一个明确的步骤来指导自己完成每一次整理收纳。

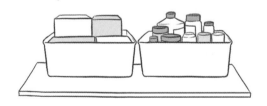

我要干什么——确定整理目标

有的人是朋友推荐或是看到了朋友圈才抱着试一试的态度开始接触整理收纳，有的人是因混乱的生活所迫想尝试改变而接触整理收纳的，还有的人是天生就讨厌乱糟糟而追求整洁的……

不论是哪一种原因让自己想要开始整理，在我们真正开始动手的时候，一定要记住第一步——问问自己："我这次整理的目标是什么？"

提升自己、重塑人生？让整个家变得更整齐？创造一个舒适的环境……对于第一次动手整理的人来说，这些都不够具体，也很难一次实现。我们的建议是，给自己定一个清晰的、具体的目标，让动手整理的效率更高。

如果一时没有办法给自己一个明确清晰的目标，不如重新思考自己想要的生活方式和现在对比起来有哪些具体的差别，然后从它们开始着手吧。

这里我们要强调一点，先整理收纳自己的物品，一定要先划分自己的专属区域，区分出自己的个人物品，比如衣橱、化妆台、个人衣物、化妆品等，把自己的物品整理好，才能考虑为家人或其他家庭做整理。

让家人都能很容易找到客厅的常用物品，比如各种遥控器、剪刀、便签纸等

让自己出门前不会再花20分钟在衣橱里找衣服了

让穿过一次的外套有地方放，而不是随意搭在沙发上

改变书房的格局，腾出一块做手作的地方

让自己的化妆品都能摆放整齐，随手找到

增加一个儿童书架，让宝宝的书有个家，不会随地乱放

给每一次整理定一个小目标，记住，最小目标！

我拥有什么——重审所有物品

我们总是容易关注自己还欠缺什么，而忽略了自己拥有什么。

因此，在明确整理目标之后，第二步就需要我们重新盘点与目标相关的物品，同时对其进行分类。

1. 将物品集中在一起估量

把相关物品集中在一起盘点，可能的话，做下记录。

比如，如果想让化妆用的物品都能整齐摆放，化妆的时候更方便，那就需要把所有的护肤品、化妆品及化妆工具集中在一个区域，比如地毯或桌子上。

利用一个类似下面这样的表格记录，会更加清晰。

物品	数量
粉底	（　　）个
眉笔	（　　）支
眼线液笔	（　　）支
睫毛膏	（　　）支
眼影	（　　）盒
高光	（　　）盒
香水	（　　）瓶
口红	（　　）支
镜子	（　　）个
妆前乳	（　　）瓶
假睫毛	（　　）套
睫毛夹	（　　）个
……	……

有人会问，到底家里有多少物品算合理呢？这个问题其实没有标准答案。

每个人、每个家庭都有属于自己的物品数量，这些是根据人口基数、收纳位置、空间大小等决定的，单身贵族和四世同堂、100 平方米和 200 平方米的肯定是不一样，哪怕是相同硬件条件的两个家庭，也会因为生活习惯的不同而有不同的需求。

对于"消耗类"这种比较常用又普遍的物品，可以参考一些方法。

知识点

消耗品的定量方法：

◆ 参照"使用量+1"的方法，作为备用物品的"安全数量"
◆ 根据能在一段时间内（比如保质期）用完的量来决定

以上两种方法中，以第二个为例，比如某个喜欢囤卫生巾的女生，卫生巾的保质期一般是 3 年，每次例假会使用 20 片，如果按 20 片 / 包，不考虑房间容量的情况下，家里储存的最大量就是 1 包 × 12 个月 × 3 年 = 36 包。此时，她就非常清楚地知道，不论商家优惠力度多么大，"36 包"就是需要坚守住的底线。

2. 按照自己的方式做大分类和小分类

记录下自己的物品数量后，你可能会惊奇地发现，原来自己竟然有十几支同款同色的口红。此时不需要旁人提醒，你就会意识到问题出在哪了——在"两件八折、满 XX 减 XX"这样的诱惑下；或是"自己只喜欢这一个颜色，生活的色彩是不是有点太单一了"这样的假想下，自己曾经"迷失"了这么多次。

经过短暂的反思，暗暗给自己下个决心——下次再买的时候，一定要先问自己"有多少相同的了"。

接下来，就可以开始给所有物品做不同的大分类了，这时一定要按照自己最习惯的方法来分类。如何分类不重要，重要的是这套分类的逻辑能让自己清楚地判断每个物品属于哪一类。

为了给下一步的整理减轻些负担，我们可以在这些分类中增加一个特殊的分类——明确舍弃的。这里指的是那些明显不需要的、坏的、废弃的物品，比如干枯的睫毛膏、过期的口红等，不包括那些还在犹豫该留下还是该舍弃的物品。

方法A：按剂型分类
膏体类、块状粉类、散粉类、乳液类、水质类

选哪种分类方法呢？

方法B：按使用部位分类
面部、眼部、手部、颈部……

明确舍弃的
干枯的睫毛膏、过期的口红等

方法C：按使用目的分类
补水类、美白类、抗衰类……

当然，还存在其他分类方法，我们在这里不一一列举，针对不同场景和区域的合理分类建议，我们也会在后面的章节中陆续提到。

如果对自己的整理能力非常自信，也可以来一次全屋范围的整理，家庭物品的分类可以参考前文中的方法来进行。

在大分类做完之后，就可以对每一个大分类做进一步细分。

小分类的方法，同样也是按照自己的规则来，如果没有好的想法，也可以参考前文提到的建议来进行。以方法 A 为例按剂型分类：

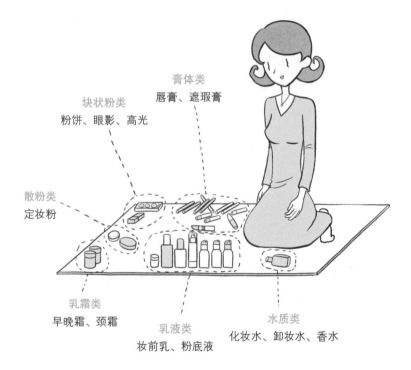

膏体类
唇膏、遮瑕膏

块状粉类
粉饼、眼影、高光

散粉类
定妆粉

乳霜类
早晚霜、颈霜

乳液类
妆前乳、粉底液

水质类
化妆水、卸妆水、香水

我要怎么放——决定物品的归属

一些犹豫不决的物品是留还是扔？留下来的该放在什么位置最合适？这一步，是我们平时收集到的各种收纳技巧可以大放异彩的时候（具体的一些收纳技巧我们也会在后面的文章中提到）。

1. 学会聪明地舍弃

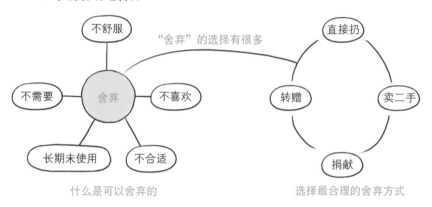

什么是可以舍弃的 　　　　　　　　　选择最合理的舍弃方式

2. 利用"PUT 法则"收纳保留下来的物品

对于保留下来的物品，我们要考虑的就是"放"的问题。这里我们提出了"PUT 法则"。

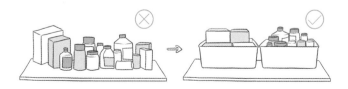

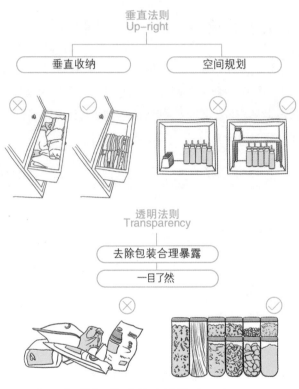

垂直法则
Up-right

垂直收纳

空间规划

透明法则
Transparency

去除包装合理暴露

一目了然

3. 用四个"是否"来检验放得对不对

是否方便找到
Find
大分类一定要在
一个固定位置

是否方便拿取
Take
使用位置的附近
为最佳收纳位置

是否方便还原
Return
最好只需要一个动作
就能放回原处

是否空间利用最大化
Space utilization
maximization
并非越满越好，
给"未来"留些位置

什么都别变——建立生活秩序

很多人做完上一步，就认为大功告成，可以松一口气了。其实，这也是做完整理收纳后效果没办法持久的原因。

整理收纳，确实是改变了家庭的混乱状态，但同时也改变了自己或者家人一些旧的生活习惯，包括物品摆放的高度、存放的地点等。这时，由于人的惯性记忆，反而会让自己产生一种错觉：怎么感觉整理过后更乱了，找东西都找不到了？

我们需要利用一些规则，帮助自己度过这个适应期，同时养成新的习惯。

知识点

利用一些规则，度过适应期：

◆ 通过标签帮助自己记忆
◆ 和家人达成共识
◆ 东西用完，一定要"放回原位"

通过标签帮助自己记忆

如果整理的是个人物品，需要告诉家人不要擅自挪动他人的物品；如果有公用的物品，则一定要告知家人今后的固定收纳位置。

在重新梳理过后，一定要注意的是，家里的一切都需要"放回原位"，以此避免一段时间内的复乱。

什么都能变——保持动态平衡

完成了以上四步，一次整理收纳就算基本完成了，所有物品和空间都能按照我们自己最想要的方式存在。

可是，一成不变的生活并不存在。每一个家庭都会面临各种变化。既然如此，我们就需要为这些变化适时地调整，不断优化我们已经形成的生活秩序，来实现一种动态平衡的生活方式，这就是整理收纳的最后一步。

1."一进一出"是控制平衡最简单的方法

2.通过工具优化使用习惯

各种功能、各种高科技的整理工具的介入，可以让已有的生活秩序变得更加高效。

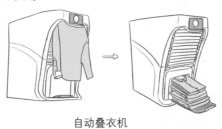

自动叠衣机

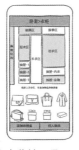

家庭收纳记录 APP   智能整理箱

3. 换个大房间也是一种办法

如果经济实力允许，在现有空间已经"真正"无法满足家庭日常生活时，可以考虑换个更大的房子，这也是维持动态平衡的方法。正如前面我们曾提到的，整理收纳的目的并不是压制欲望。

以上这五个步骤我们称之为"秩序整理法"。

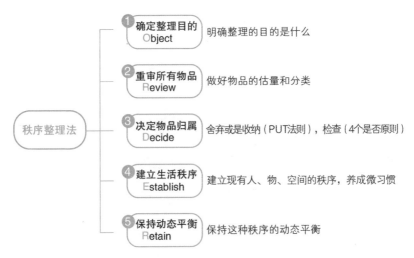

由此，我们发现，整理收纳不仅仅是学会怎么把物品收纳好，也不是买几个收纳工具，而是一个系统的过程。

读后实践

很多时候，我们总是在意自己缺少什么，而往往忽视了自己拥有什么。
那些我们已经拥有的，天天在我们身边的，才是最值得我们关注的。
它们是否还配得上现在的我们？是否放在了本不该放的地方？是否
还在占据我们的生活空间？请一起来理清一下——

1. 起身环顾一下自己家的客厅，找到10件本不应该放在客厅的物品
2. 在做完取舍之后，按照自己的想法将它们做好分类
3. 把它们放回应该存放的房间
4. 在每个房间中，按照定位、垂直、透明的法则将它们
   收纳好

至此，

我们重新认识了自己的生活习性，

重新认识了身边的物品，

重新认识了房屋空间，

进而也重新认识了"整理收纳"，

知道了该从哪一步开始、在哪一步结束。

每个房间、每个区域，

都有一些不同的特点，

接下来，

让我们继续了解不同房间的收纳方法，

进一步加深对自己和家居的认识。

从衣橱开始，
重新认识自己

衣服越买越多，
关键时候却总觉得衣不称心；
衣橱越塞越满，
翻箱倒柜却还是找不到"她"；
外表光鲜亮丽，
衣橱却凌乱不堪……

面对堆积如山的衣服，
每天在找衣和选衣上，
不知道浪费了多少时间。

终于下定决心，
好好地整理自己的衣橱！
那么，
该如何开始呢？

04

做好衣橱整理的"度量衡"

衣橱是每个家庭必备的储物家具，越来越多的人通过专业的衣橱定制商，依照户型量身定做。在风格样式、质地板材、功能设计上，我们都有了更多的选择。可是，在实际的使用过程中，衣橱问题还是会接连产生，定制衣橱有时反而变成了定制"烦恼"，究竟是哪里出了问题呢？

衣橱定制公司上门量尺寸

了解衣橱的"度"

"定制"本身没有错，问题出在定制前和使用中，我们没有掌握好衣橱的"度量衡"。

 知识点

什么是衣橱的"度量衡"：

◆ "度"：衣橱使用者的构成维度
◆ "量"：衣橱的内存数量和质量
◆ "衡"：衣橱秩序的动态平衡

了解衣橱的"度"：了解衣橱与家庭成员之间的关系，了解这个衣橱究竟是年轻人的衣橱、老年人的衣橱，还是儿童的衣橱？或者是混合型衣橱?

掌握衣橱的"量"：把控衣橱内存的数量和质量，也就是衣服的数量和质量，就能做到衣橱里衣服的数量不会超出自己的管理能力和衣橱的收纳能力，并且每一件衣服在自己看来都是喜欢并合适的。

维持衣橱的"衡"：当我们通过衣橱整理建立好自己的衣橱秩序后，就一定要维持它的动态平衡，避免复乱的情况出现。

挑选衣橱就像是女孩子挑选文胸，需要考虑的因素有很多。我们都知道，亲身试穿过的文胸，永远比参考尺码随意购买的更合心意。如果只考虑文胸的尺寸和颜色，而不考虑穿着场景、与衣服的搭配、皮肤敏感性、穿衣习惯甚至自己的性格，是不可能挑选出最适合自己的文胸的。

同样的，在定制衣橱前，也一定要了解衣橱的"度"。很多人家里定制衣橱，更多考虑的是衣橱与房屋空间的关系，而忽略了"人"这个最重要的因素。

一般来说，衣橱设计的步骤都是由外及内的，即先考虑户型面积规模、房屋空间大小，然后考虑衣橱里的每一寸空间如何规划。

但是，我们建议衣橱的设计应该是由内及外进行。首先要考虑衣橱使用者的生活习惯，其衣服数量种类和款式长度；其次，对应这些衣服，规划衣橱里不同空间的尺寸，让空间利用更合理；再次考虑如何设计衣橱的外部尺寸，才能更好地融入和匹配房屋空间和户型。

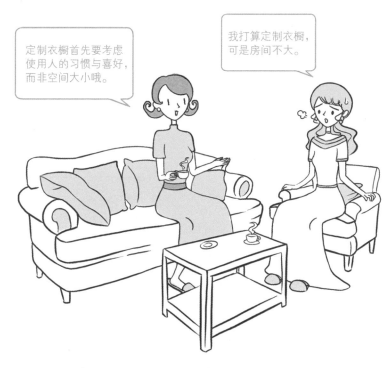

对于很多三口之家甚至三代同堂的中国家庭来说，在定制衣橱的时候，衣橱与家庭成员之间的关系就更为重要了。

1.年轻人的衣橱

年轻夫妇的衣服一般比较多样化，男女主人的生活喜好及类型也各不相同，所以，一般建议拥有各自独立的衣橱。如果条件有限，一定要两人共用衣橱的话，建议在衣橱里划分各自的衣橱空间。同时，年轻人大多喜欢挂衣服，所以挂衣区的空间设计和规划一定要合理，根据男女主人衣服的实际情况来设计。

2. 老年人的衣橱

老年人的衣服多为纯棉质地，他们更喜欢叠衣，所以针对老年人的衣橱可以多设计些叠衣区和抽屉区，适应他们的收纳习惯。同时抽屉的设计位置不宜太低，以免老年人弯腰取物不方便。

3. 儿童的衣橱

儿童衣橱最重要的是"提前量"。一般来说，孩子成长速度很快，叠衣区和挂衣区的占比肯定会经常变化，可以在衣橱规划和选择时，多一些灵活性的设计，能同时收纳衣服、玩具、书籍的集成柜也可考虑。关于儿童衣橱，在本书后面的章节会有更详细的讲解。

现在，我们再回想一下，自己在定制衣橱之前，是否真的明确了衣橱的使用人？是否清楚了解使用人的生活习惯？是否规划好了衣橱的空间分配？是否掌握了衣服的各种类型及大概的数量？如果只是告诉设计师自己喜欢什么颜色、什么材质，接受什么价位，那么就只是在"伪定制"自己的衣橱。

因此，我们建议每一位即将定制衣橱的朋友，不妨先了解清楚衣橱的"度"。如果已经拥有衣橱但不满意，也不必急于更换，我们在后面的文章中也会提到改善的办法。

把握衣橱的"量"

一听到整理衣橱，有些人就会迫不及待地开始收拾自己的衣服了，他们通常会采取下面这些方法。

1. 藏衣法

他们想方设法地找空间、找角落把衣服塞进去藏好，误以为把衣服藏好了，就算是整理好了。在不久后的某一天，他们找不到衣服了，于是翻箱倒柜，开始了"藏—找—翻"的恶性循环。

藏衣服　　　　　　　　翻箱倒柜

衣橱复乱

2. 扔衣法

他们把衣服扔得差不多了，就觉得整理好了。然后过不了几天，内心就开始感到缺失——"哎呀，我怎么把之前那条裙子扔了呢""哎呀，我好像都没什么衣服穿了"，紧接着又拼命地买衣服，开始了"扔—找—买"的恶性循环。

扔衣服

没衣服可穿

买买买

正因为如此，很多人一谈到整理衣橱就非常抗拒，因为他们感觉被人贴了一个警告的标签：你不要再买衣服了！

我们曾经针对衣橱整理学习班的学员做过一项调研，内容是：为什么会忍不住买衣服，以下这几条理由较为普遍。

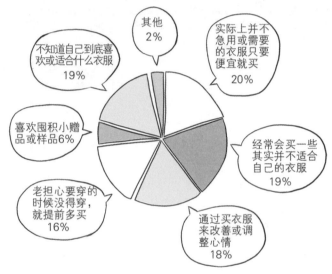

其他
2%

实际上并不急用或需要的衣服只要便宜就买
20%

不知道自己到底喜欢或适合什么衣服
19%

喜欢囤积小赠品或样品6%

经常会买一些其实并不适合自己的衣服
19%

老担心要穿的时候没得穿，就提前多买
16%

通过买衣服来改善或调整心情
18%

假设拥有了很多喜欢的衣服，却把时间浪费在找衣服上；或者买了以后才发觉没那么喜欢，衣服被压在箱底、堆在角落。这些衣服占据了我们的生活空间，使之变得拥挤和凌乱，让我们心烦又无从下手，这样的生活真的是你想要的吗？

其实，买买买并没有错，衣服多也没有错，但如果不知道自己究竟喜欢什么类型的衣服、适合什么款式的衣服，也不清楚到底是衣服的数量多还是种类多，更不明白它们分别该放在哪里，只是盲目地购买，如此循环，衣服的数量就会远远超出自己的管理能力，超过衣橱的收纳能力。

从做好衣橱的"度量衡"来看，造成这种情况都是因为没有把握好衣橱的"量"——既不能保证衣服的质量，也不能控制好衣服的数量，从而给自己的生活带来了困扰。

维持衣橱的 "衡"

衣橱整理收纳的核心，是建立属于自己的衣橱秩序。重要的不是扔衣服、不是断绝买衣服的念头，而是保持人、衣服、衣橱三者之间的动态平衡。建立这种秩序的正确步骤应该是：先整理自己，再整理衣服，最后才是整理衣橱空间。

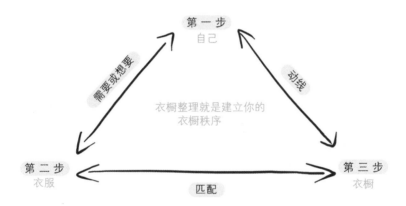

很多人在整理衣橱的时候会没有头绪，一直花时间纠结于——我到底要不要扔，我应该怎么叠，我应该怎么收纳，我要不要再多买几个整理收纳盒、几个衣架等。其实，这是衣橱整理的顺序出错了。

在做这些事情之前，必须先搞清楚，自己是谁，需要什么样的衣服，喜欢什么样的衣服，适合什么样的衣服，这才是最重要的。如果只是整理了衣橱，却没有整理自己的外在形象，那么就算拥有了一个整齐的衣橱，却还是会对自己的外在形象不满意，觉得不够自信，生活过得平淡无味。

先了解自己，再整理衣橱

执念收纳，忽略自己　　　　　　内外兼修，焕然一新

由此可见，对于更深层的衣橱整理来说，找到自己的穿衣风格也很重要，这其中包括了色彩整理、妆容整理、身材管理、服装搭配等。

当我们找到了自己的穿衣风格，知道穿什么样的衣服最漂亮的时候，就不会再盲目地买，也不会出现 80% 的衣服没穿过，衣橱却快要"爆炸"的情况。同时，在整理衣服的时候，也会很清楚地知道哪些可以毫不犹豫地舍弃了。

完成对自己的认知整理以后，我们会发现整理衣服与衣橱，相对来说就容易多了。

建立衣橱秩序的第二个步骤就是整理衣服。具体的步骤应该是怎样的呢？

我们需要先把衣橱清空，将所有衣服集中堆放在一起，然后一件一件做好分类，按照每人一个衣橱分开收纳。如果衣服都放在同一个衣橱里，就按人划分不同的区域来分开放置衣服。其中还有个基本的原则，即男女主人的衣服和小宝宝的衣服一定要分开放置。

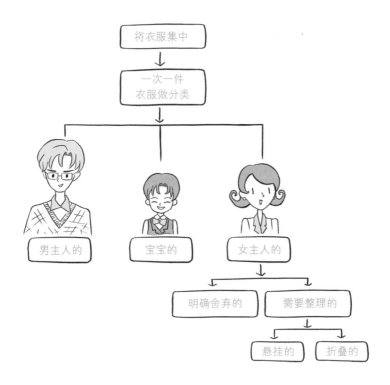

通常情况下，女主人的衣服数量最多，我们就以女主人的衣服来举例进行分类（如第110页的图所示）。

相同类型的衣服大家还可以再做进一步细分，比如按照颜色和长度。需要注意的是，尽量把经常穿的衣服和不常穿的衣服区分收纳，同类型的衣服则要集中收纳。这里提到的分类方法，就是按照衣橱的区域来分类，方便确定集中收纳的位置。

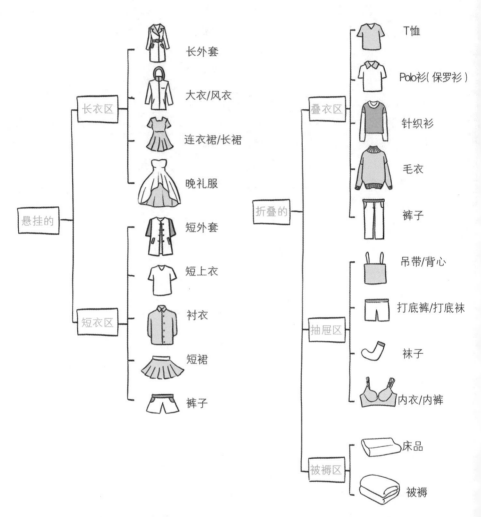

长外套

大衣/风衣

连衣裙/长裙

晚礼服

长衣区

短外套

短上衣

衬衣

短裙

裤子

短衣区

悬挂的

T恤

Polo衫(保罗衫)

针织衫

毛衣

裤子

叠衣区

吊带/背心

打底裤/打底袜

袜子

内衣/内裤

抽屉区

折叠的

床品

被褥

被褥区

建立衣橱秩序的最后一个步骤就是整理衣橱空间。对于衣橱空间来说，最基础也是最重要的就是提升衣橱的收纳能力。如果衣橱本身设计不合理或者收纳工具无法满足，则需要对衣橱的空间进行改造。

我们问过很多人，想要一个什么样的衣橱来收纳自己的衣服，80%的回答都是：想要一个很宽很大的衣橱。可是，如果对空间的利用不合理，就算换一个大衣橱，或者再添置几个新衣橱，衣橱的问题照样会爆发。这是因为，大部分人做收纳都是在利用衣橱的平面面积，而不是衣橱的容积。

高覆盖率、低容积率的衣橱

这个衣橱就是一个很典型的例子，表面上衣橱里的东西都放满了，实际上很多空间都没有充分利用，不符合前文PUT法则中的垂直法则。如果衣橱出现这样高覆盖率、低容积率的情况，那么就需要对衣橱空间进行重新规划了。关于如何提升衣橱的容积率、提升衣橱的收纳能力，本章会详细讲解每一步的操作方法。

通过对自身的整理、对衣服的整理以及对衣橱空间的整理，属于自己的衣橱秩序就建立好了，暂时实现了衣橱的"衡"。这时候千万不要以为衣橱整理就此结束了，我们还要维持衣橱的"衡"。比如自己的购买欲望膨胀了，买的衣服数量增多了，那么相应的，衣橱的空间就得增加，如果无法增加衣橱空间，就得舍弃一些旧衣服，为新衣腾出空间。

只有建立了良好的衣橱秩序，养成维持习惯，并且保持动态的平衡，才真正不会出现衣橱复乱的情况。

/// 三招应对衣服整理 ///

在了解清楚衣橱的"度量衡"后，接下来要做的就是把衣服整齐地安置好，这其中只要运用一些技巧，就能让你的衣柜"变大"，同时显得更加美观。

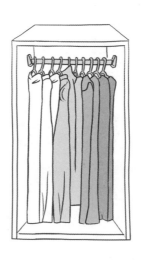

"开挂"的衣橱

　　相比叠衣，更多人喜欢挂衣。除了容易找到衣服，拿取和还原也更简单方便。那么，是不是把衣柜都设计成挂衣区，把衣服全部都挂起来，衣橱就不会乱了呢？事实并非如此，其实挂衣也是有很多学问的。

 知识点

挂衣的技巧：

◆ 挂衣数量"八成满"　　　　◆ 衣架尽量统一
◆ 衣架间距尽量统一　　　　◆ 挂衣要有秩序
◆ 衣服袖子"藏起来"

　　首先，并不是所有的衣服都适合挂起来。一些针织类的衣服，比如，针织衫或者毛衣，它们都不适合挂着存放，否则时间长了衣服会严重下垂，而且肩膀部位也会有衣架的挂痕。还有一些涤纶丝、真丝的衬衣也不适合挂着存放，衣服的袖子会很容易抽丝。

　　其次，如果把所有衣服都挂起来，挂衣杆上的衣架就会十分紧凑，衣服的拿取和存放也会比较困难，甚至有些衣服因为相互"缠绕勾结"而发生破损的情况。同时，挂衣杆也可能会因为承受力不足而发生弯曲甚至坍塌。

正如健康饮食提倡八分饱，我们的衣橱也要保持"八分饱"！挂起来的衣服数量以"八成满"最为恰当，这也是衣架能顺利滑动的最低标准。

衣物太多，衣橱受不了啦　　八成满才是理想状态

在挂衣服的时候，我们还要尽可能地统一衣架，千万不要各种形状、款式、颜色的衣架全体上架，塑料的、植绒的、木质的、多功能的混合存在，会让整个挂衣区显得非常凌乱。

衣架不统一，依然凌乱　　衣架统一，整齐美观

统一衣架以后，也可以精益求精，控制好衣架之间的间隔，让它们尽量保持一致，这时可以考虑使用衣架分隔环，除了能保证挂起来的衣服数量八成满，还会让挂衣区显得更加整齐有序。

间隔不统一，衣服容易皱　　使用分隔环，美观又方便

挂衣服的时候，按照从左到右，衣服长度由长到短、颜色由深到浅、质地由厚到薄的顺序悬挂。

随意挂衣，视觉凌乱　　颜色长度统一，避免重复购买

为什么要从左到右、由长到短地悬挂呢？因为这样悬挂衣服，给人一种人生轨迹逐渐上升的心理暗示，从心理学的角度来说，是非常利好的。同时，我们把相同质地和长度的衣服挂在一起，就能够更好地了解同类衣服的拥有情况，也能有效避免重复购买。

挂衣整理时可以把最外面的袖子藏在衣服之间的空隙里，这样会显得挂衣区更加整齐有序。如果衣橱安装的是推拉门，也能更好地保护衣服。

衣袖外露不整齐　　　　　藏起衣袖美观且不易被柜门夹住

虽然我们强调在挂衣服的时候要尽可能地统一衣架，才能让挂衣区显得更整齐有序，但衣橱里衣服的种类是多样的，很难找到一款能同时满足不同挂衣需求的衣架。在这里，为大家提供了几个选择衣架的小技巧。

（1）衣架的基础要求：材质安全、不易折断、不易变形、防滑、保护衣服肩部不变形等。

（2）西服这一类肩部比较厚实的衣服，可以选择统一款式的西服专用木制衣架悬挂。

（3）衣橱里如果有多余的区域，可以用来挂一些领带、皮带或丝巾类的饰品，建议选择可同时满足这类饰品悬挂条件的衣架，尽量减少衣架种类。

（4）选择衣架的颜色时，建议选择与衣橱整体的颜色相近或同色系的衣架，这样能让衣橱看上去更和谐。

（5）衣服和裤子建议分区悬挂，材质不易褶皱的裤子可以用衣架直接挂起来，或者将裤子一分为二地悬挂，具体情况，视挂衣区高度来定。

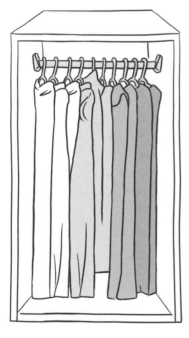

裤子悬挂　　方法一

裤子悬挂　　方法二

（6）材质易皱的裤子，可以选择统一的裤夹悬挂在高度合适的挂衣区。

（7）一些多功能的多层衣架，在选购时也要注意它的使用场景。比如衣橱设计了很多长衣区，但大多挂的都是短衣，导致长衣区下方空出来一大片，此时就可以选择统一的多层衣架，提升长衣区的空间利用率。

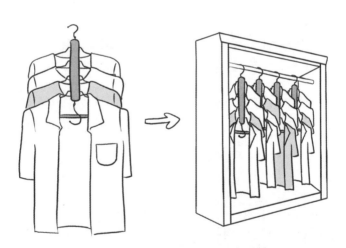

多层衣架可同时悬挂多件衣服，巧妙提升了衣橱空间利用率

折叠的乐趣

很多不喜欢叠衣的朋友，谈到自己不得不叠的理由，大多只有一个——叠衣服相比挂衣服更加节省空间。

同样大小的空间，一个用来挂衣服，一个用来叠衣服，一般情况下，叠衣服确实能收纳更多，但此时这个空间也一定会被塞得十分饱满。想要拿出其中一件衣服，会很容易让整个区域的衣服塌掉散开。也正因为如此，很多人为了拿的时候方便，被迫只用其中的一部分空间来叠放，因而浪费掉了另一部分空间，违背了自己的初衷。

叠衣真的能更节省空间吗？

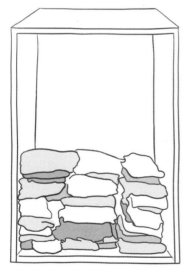

叠衣区

挂衣区

如果没有掌握正确的叠衣收纳方法，叠衣收纳的衣服数量很有可能比挂衣收纳的还少，并且衣服还特别容易被翻乱。

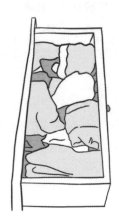

混乱的抽屉区：平铺叠衣

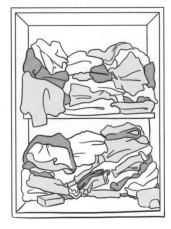

凌乱的叠衣区：平铺叠衣

图中使用的是平铺叠衣的方式，其最大的问题在于看不到所有的衣服，需要通过"翻"来寻找衣服。在拿取的过程中，拿下层的衣服时会弄乱上层的衣服，原本叠好的衣服分分钟就会被翻乱。

垂直收纳叠衣的抽屉

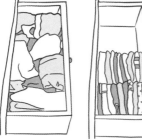

平铺收纳　　　　垂直收纳

如何改善这个问题呢？我们建议用垂直叠衣收纳替换平铺叠衣收纳。将衣服叠成抽屉深度大小的宽度，然后将它们一件件垂直收纳在抽屉里。垂直叠衣收纳相比平铺叠衣收纳的优点有：

（1）更加节省空间。

（2）衣服一目了然，方便找到。

（3）衣服方便拿取，不会影响其他衣服。

（4）有效地减少衣服复乱的情况出现。

当你打开这样整齐有序的抽屉时，当亲朋好友向你投来惊叹的目光时，你是否一下子就找到叠衣的乐趣了呢？

纳纳的朋友圈

但其实，没有任何整理收纳方法是完美无瑕、无懈可击的，所以问题又来了。

问题一： 实在是不会叠衣，尤其是衣服质地较轻薄，很难叠成抽屉深度的尺寸。

解决方案： 可以借助叠衣板等衣橱整理工具。

将衣服平铺，
让背面朝上

将叠衣板放在
衣服中上位置

将衣服左右往
中间折叠

顺着叠衣板折痕，
将衣服往上折叠

一片板轻松叠
一件衣服

用整理箱收纳叠好的
衣服，整齐省空间

整理工具

叠衣板

问题二：抽屉的宽度较大，拿取多件衣服时，容易让旁边的衣服"倒塌"，从而产生复乱的潜在危机。

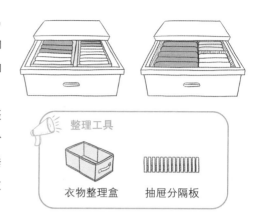

解决方案：可以借助衣物整理盒或者抽屉分隔板将抽屉划分成不同的小空间，将同类衣服垂直叠放在一起，就不容易发生衣服"倒塌"的情况了。

整理工具

衣物整理盒　　抽屉分隔板

问题三：内衣、内裤、袜子等小件衣物在抽屉里如何做到垂直收纳？

解决方案：同样也要借助衣物分格盒将抽屉划分成更多的小空间，然后将小件衣物各自叠好垂直收纳在这些独立的小空间里。

整理工具

抽屉分隔盒　　内衣收纳盒　　可延展文胸收纳分隔器

问题四：叠衣区没有办法将衣服垂直收纳。

解决方案：借助衣橱整理工具，将叠衣区改造成抽屉区，打造"抽屉式叠衣区"。

想要达到叠衣区最理想的收纳效果，垂直叠放的衣服必须要放进抽屉式的整理工具里。只要深度和高度与叠衣区匹配，利用抽屉收纳盒或者衣物整理盒，就能很好地提升叠衣区空间原本的收纳能力了。

这样的重新规划，能够帮助衣服更好地分类和定位，同时也做到了方便拿取和方便还原，解决了衣橱复乱的两大起因。

附：常见的衣物叠法

◆ 衣服的叠法

◆ 裤子的叠法

◆ 内裤和袜子的叠法

◆ 背带裤、短裤、短裙的叠法

◆ 羽绒服的叠法

扫码看视频
学习常见衣物叠法

存储的智慧

每当换季，好不容易把过季的衣服收纳在箱子里，等到下次换季或是临时需要拿出来的时候，却完全忘记想要的那件衣服究竟放在哪个箱子里了，或者是面对一些箱子根本不记得里面放了什么。

到底哪个箱子是放毛衣的呢？

这个袋子里面有没有我那件最喜欢的红色条纹衫？

其实，整理箱和真空压缩袋都是很好的分类工具。针对上面的问题，只要给每个箱子和袋子贴上标签，就可以通过标签来帮助我们记忆了。

不过，有时候箱子或袋子里的衣服较多，一个纸质标签就没办法解决了，我们需要给过季衣服的存储增添一些智慧，让这个标签变得更加智能。这里推荐使用智能整理箱和智能真空压缩袋，能让我们对每个箱子和袋子里的衣服了如指掌。

用真空收纳袋压缩衣物

把衣物存入智能整理箱

需要拿取时，扫描整理箱二维码

查看每个箱子里的衣物情况

找到正确的箱子，拿出想要的衣服

整理工具

智能整理箱

真空收纳袋

真空泵

当了解到挂衣的正确方法和垂直叠衣的运用，又学会了挑选和使用有效的衣橱整理工具，这时，我们就有能力让衣橱变得更加有序高效、整齐美观，自己也随之变得更加自信漂亮，更热爱生活，这才是整理的乐趣所在。

/// 巧妙规划衣橱空间 ///

衣橱杂乱无章，到底是谁的错？很多人都会把责任丢给衣橱，觉得衣橱不够大，或是衣橱设计不合理。但事实上，我们真的了解自己的衣橱吗？

衣橱的内核

我们将常见的衣橱划分成六个区域，每个区域都有自己的职责划分。

 知识点

衣橱的六大区域：

◆ **被褥区**：用来收纳过季衣物及各种床品
◆ **叠衣区**：用来收纳衣物
◆ **短衣区**：用来挂短上衣或短下衣
◆ **长衣区**：用来挂长款大衣、连衣裙、长尾礼服
◆ **抽屉区**：用来收纳内衣、内裤、袜子等小件衣物
◆ **裤架区**：用来挂裤子

将这些区域按照不同的尺寸设计和搭配，就组成了我们日常用的衣橱。

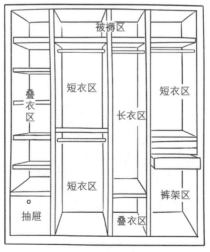

衣橱内部空间区域图

目前，市面上衣橱定制厂商使用的板材尺寸大多是 122cm × 244cm。当设计一个高度 230cm、深度 50cm 的衣橱时，就会由于切割而剩下一些材料，为了尽可能地降低成本，他们会把这部分材料充分利用，比如调整衣橱的内部尺寸设计，再增加一些层板，再多设计一些小尺寸的叠衣区等。

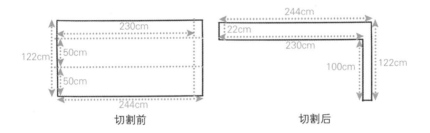

切割前　　　　　　　　　　切割后

对于消费者来说，需要为这些新增的功能埋单，同时，由于使用的是剩余材料，衣橱内部各个区域的尺寸设计或搭配组合往往会出现各种问题。

类似图中的衣橱，内部设计了很多小而窄的叠衣区，虽然将切割后的板材利用到最大化，但也忽略了消费者实际的使用体验。这些小而窄的叠衣区表面上好像可以用来收纳围巾、袜子、皮带、领带等一些小件物品，但因为纵深的缘故，事实上里面很难放满，非常浪费空间。这样的设计华而不实、非常鸡肋。

这个衣橱则设计了一个高度很低的叠衣区，根本让人不知道如何收纳叠衣，只能把衣服卷成古代书卷的形状一条条塞进去。

这个衣橱，第一眼看上去没有什么问题，但实际上并不符合大多数家庭的使用习惯。衣橱除了用来收纳衣服，还需要有足够的空间来收纳棉被、毯子、枕头等床品，以及棉衣、毛衣、羽绒服等秋冬衣服，而这个衣橱的被褥区高度太低，根本放不下大件床品或秋冬衣服。

由此我们可以发现，当你觉得自己的衣橱不好用时，多半是因为衣橱内部各个区域的空间结构设计不合理。根据主人的衣服数量、类型和生活习惯，进行衣橱空间结构的设计，会让衣橱更加好用。

知识点

衣橱各区域的合理尺寸：

◆ 衣柜：最佳高度240cm　　◆ 衣柜深度：50~60cm
◆ 被褥区：高度40~50cm　　◆ 长衣区：高度120~170cm
◆ 短衣区：高度92~100cm

大多数情况下，长衣区的高度120cm适合挂包臀裙，150cm适合挂长风衣，170cm适合挂晚礼服。短衣区的高度不建议低于92cm，通常高92~95cm，具体高度应该根据衣橱使用者实际短衣的长度来设计。

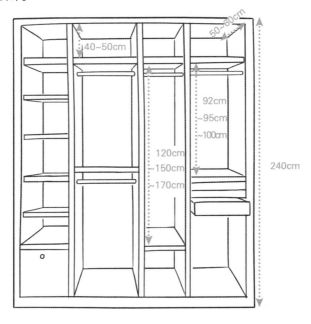

常见衣橱格局带来的烦恼

目前市面上比较常见的几种衣橱格局，事实上都存在着很多问题。

第一种衣橱格局：没有叠衣区和抽屉区

由于衣橱里没有叠衣区，挂衣区过长，导致挂衣区下方只能用来堆放叠衣，显得又脏又乱，衣服不易找到，容易翻乱。

第二种衣橱格局：全是叠衣区

衣橱全都是叠衣区，衣服堆叠不易找到，不易拿取。原有的衣服找不到，很容易产生再新买一件的念头。

第三种衣橱格局：裤架区悬挂空间有限

衣橱下方的裤架区能悬挂的裤子数量有限，空间利用率低，哪怕是用来收纳叠衣，拿取也会不方便。

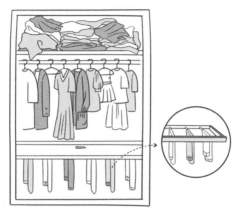

第四种衣橱格局：叠衣区太多，没有短衣区和抽屉区

衣橱左侧的叠衣区，衣服平铺堆叠收纳容易凌乱，而右侧的挂衣区高度太高，衣服挂不满，挂衣区下方的空间利用率也很低。

第五种衣橱格局：挂衣区、叠衣区、裤架区空间分配不合理

衣橱的裤架区、挂衣区下方空间利用率都很低。

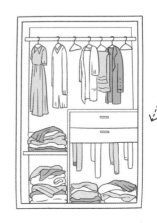

让衣橱"快乐"起来

上面这些不太合理的衣橱格局都会降低衣橱的容积率，降低衣橱的收纳能力，那么我们该如何改善呢？

 知识点

如何提升衣橱的收纳能力：

◆ 使用正确的衣服收纳方法
◆ 使用有效的衣橱整理工具
◆ 直接改变衣橱原有的不合理格局

叠衣区是最容易出现低容积率的区域。图中的衣橱在左侧设计了大量的叠衣区，衣橱主人原本想采用垂直叠衣的方法，但这个区域没有办法将衣服垂直放置。因此，衣橱主人采用平铺叠衣，并且尽可能多地叠放衣服，希望将这个区域的容积率提升到最大，最终的结果是，衣橱看上去很乱，而且靠里层的衣服和叠放在中下层的衣服还是不方便拿取，看似"整理"后的衣服，随时都会再次乱成一团。

这时，我们可以利用塑料抽屉盒或者整理盒配合铁线框进行空间改造。将不同种类的衣服分别垂直叠放在不同的收纳盒中，并给收纳盒贴上标签。

整理方法一：塑料抽屉盒　　　　　　整理方法二：整理盒＋铁线框

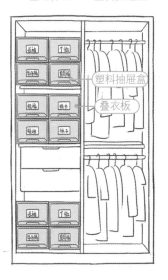
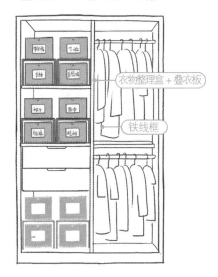

这样做，不但提升了叠衣区的收纳能力，同时也让衣橱看上去整齐美观了不少。

除了使用有效的衣橱整理工具，我们还可以直接改变衣橱原有的不合理格局，来提升衣橱的容积率。

　　改造前：衣橱左下方裤架区的空间利用率低，只能挂 5 条裤子。

　　改造后：把裤架区拆掉，再安装一根挂衣杆，将裤架区改造成短衣区，然后将裤子用裤夹悬挂收纳好，原本只能挂 5 条裤子的裤架区就可以挂 20 条裤子，空间利用率瞬间提升了 400%。

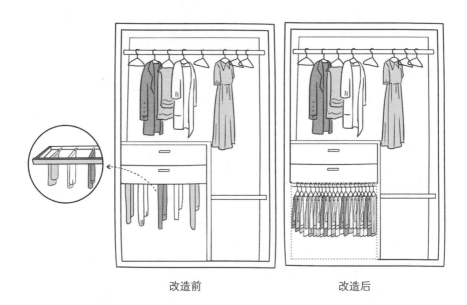

改造前　　　　　　　　　　改造后

读后实践

在了解衣橱的空间格局、掌握衣橱合理的空间规划技巧之后，我们才算是全面地了解了自己的衣橱，才能从根本上解决衣橱的混乱，完成一次合格的衣橱整理收纳。我们相信，整理完衣橱之后，衣橱更整洁了，自己也会感受到快乐。从现在开始，让我们打开衣橱，开始整理——

1. 打开自己的衣橱，找到挂衣区，拍下整理前的照片
2. 将挂衣区里的衣服按照从左到右，由长到短进行排列悬挂
3. 相同长度的衣服再按照从左到右，由深色到浅色的顺序排列悬挂
4. 把衣服最外面的袖子藏进衣服之间的空隙里
5. 拍下整理后的照片，对比挂衣区空间发生的变化
6. 将整理前后的照片发到朋友圈，与朋友们分享自己的小成就

衣橱整理看似简单，
实则是一项有着大智慧的生活技能。
用整理衣橱的思维方式去对待其他区域的整理，
往往能触类旁通。

无论你如何看待人生，
衣橱与生活方式都息息相关。

我们可以通过对自己衣橱的整理，
梳理自己的思路，
进而整理、提升自己，
同时也能让自己的居住环境变得更舒适美观。

厨房，
本是一个创造美食的地方，
很多人却把它视为"战场"。

工作了一天回到家还得围着灶台转，
效率不高晚饭就会变成宵夜，
自己被弄得很疲惫，
还要继续收拾厨余。
于是宁可过上外卖人生，
也不愿轻易下厨。

如果厨房变得更加高效，
会不会让你爱上厨房里的时光呢？

厨房从此不再成为战场

⫽ 高效的厨房是怎样的 ⫽

　　一提到厨房要高效，很多人的第一反应就是"要大"！这也难怪，住宅整体面积本就寸土寸金，还要隔出两个卧室、一个客厅、一个卫生间，想要留给厨房更大的空间就变得非常困难了。其实，通过合理的规划，哪怕厨房不算大，我们也可以获得一个高效的厨房。

厨房越大就越高效吗

房屋面积 120m^2 以下的家庭中，厨房面积平均只有 4~7m^2，为了拥有一个宽敞明亮的厨房，很多人就选择打通厨房和餐厅（或客厅），变成一个开放式的"大"厨房。

然而，随着时间的推移，料理中餐时的油烟会让他们越来越后悔当初的决定。

如果需要经常下厨，如果不是只吃沙拉，如果是跟父母或子女住在一起，那么，封闭式的厨房才是最合适的。

开放式厨房

封闭式厨房

还有一些人，在抱怨厨房不够大的同时，却特别热衷于购买各种厨房用品，自己会不会用不重要，重要的是心动。

　　于是，各种餐具、炊具、厨具越买越多，厨房慢慢就变成了一个储物房。一旦把厨房变成了储物房，又怎么能在厨房里大施拳脚，更好地为自己或者家人做一顿美餐呢？

　　虽然厨房的面积不大，但我们在里面烹饪的时候，四肢上下左右的移动还是非常多的。一个厨房是否高效，关键是看它是否便于操作，而并非面积是否足够大。做一个夸张的假设，就算拥有一个足球场那么大的厨房，遇到了不合理的规划，也只会像遇到了不合理的战术布局一样，全场比赛下来，球员不但筋疲力尽还输了比赛。

　　因此，与其抱怨厨房面积太小，还不如好好地思考一下它的设计布局应该怎样才更为合理，便于操作。

如何让厨房变得更高效

毋庸置疑，厨房的核心功能就是烹饪。一个厨房是否高效好用，就看它能否发挥其核心功能，让烹饪的五个步骤一气呵成。

取出食材　　　　　　　　　　清洗食材

装盘上菜　　　烹饪与调味　　　加工与备菜

在有限的厨房空间里，通过整理，让收纳有序的厨房用具符合主人的日常烹饪习惯，同时让空间的利用最大化，这就是让厨房变得更高效的关键所在。

 知识点

打造高效厨房的三大因素：

◆ 给厨房规划一个合理的布局
◆ 选择正确的橱柜
◆ 使用有效的整理方法

⫻ 俯视你的厨房 ⫻

厨房中的人工操作和位置移动情况繁多，假如没能对厨房内的区域布局和移动路线进行合理的安排，即使拥有最先进的厨房设备，也可能会使主人在其中来回穿梭、手忙脚乱。为此，我们先了解一下五种常见的厨房布局。

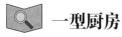 # 一型厨房

　　一型厨房的橱柜像一条直线靠墙排列，所有工作区都靠着一面墙，节省空间，动线清晰，适用于面积不大的厨房。

　　缺点：工作区一字排开，所有操作的走位在一条直线上，布局往往缺乏一定的灵活性。若做饭流程规划清晰，各区域依次使用，可减少走动距离；若流程混乱，运动量则会大大增加。

一型厨房的操作动线

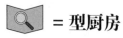 **= 型厨房**

　　这种厨房的橱柜像两条平行线，能缩短工作区间的直线距离，在操作区内走位的灵活性相比一型厨房更强，但对厨房面积宽度要求较高。

= 型厨房的操作动线

L 型厨房

　　这种厨房的工作区从墙角双向展开形成 L 型，比较节省空间，可形成半围合式操作区，但一定要避免 L 型的一条边过长，否则会压缩操作区面积，降低烹饪效率。另外，拐角处空间的利用也需要重视。

L 型厨房的操作动线

U 型厨房

　　这种厨房的橱柜围绕三面墙布局，橱柜的配置通常比较齐全，需要的空间也比一型厨房大。水槽设置在 U 型中间，符合人体工程学。在烹饪时，炒菜、切菜及常见的操作工具都可以放在水槽左右两侧，非常方便。

　　U 型厨房两个拐角处的空间利用非常重要，此处的橱柜建议设计成 L 型抽屉或旋转型抽屉，也可根据需要在拐角处台面摆放置物架，提高空间利用率。

U 型厨房的操作动线

岛型厨房

这种布局的厨房，就是在厨房中间安置一个独立的料理台或者工作台，四周与"一、=、L、U"型橱柜搭配。岛型厨房的空间宽裕，洗涤区、烹饪区、操作区、储藏区划分明确，独立的岛式台面除了做料理台或者工作台，还可以做餐桌、吧台，方便实用。但岛型厨房成本较大，占地面积也很大，作为一种开放式的厨房，一般的中国家庭较少采用这种设计布局。

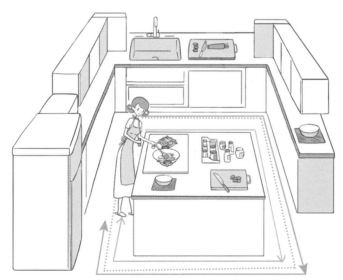

岛型厨房的操作动线

以上五种厨房布局，哪一种最高效呢？

我们之前提到，一个厨房是否高效好用，首先看是否利于烹饪，其次是在保证效率的前提下使空间利用最大化，U 型厨房刚好满足了这两点。

在可行的条件下，尽量把厨房布局设计成 U 型，会让厨房更高效。

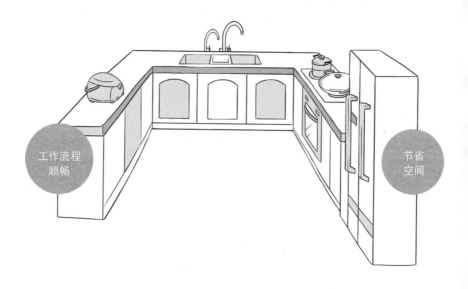

工作流程
顺畅

节省
空间

/// 选好橱柜就成功了一半 ///

橱柜占据了厨房领地的"半壁江山"，除了直接决定厨房的风格属性和品质感之外，橱柜的组合方式、高度，也会对食品储藏、烹饪操作等起到十分重要的作用。

橱柜的组成和选择

通常橱柜主要是由吊柜、台面和地柜三部分构成。

1. 吊柜的组成和选择

吊柜的构成很简单，一般由一排收纳柜组成，中间会嵌入抽油烟机。

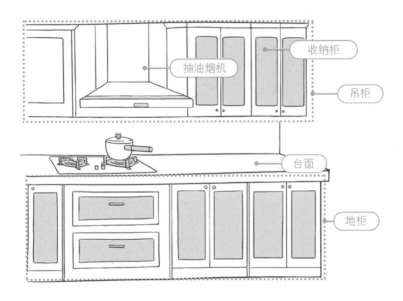

吊柜的设计主要分为上翻柜门和平开门两种。

上翻柜门看上去美观独特，但事实上不是特别好用，尤其对于个子不高的女性来说，开关橱柜门很费劲。

上翻柜门美观却不实用　　　　微波炉吊柜存在安全隐患

　　还有一种微波炉吊柜，也存在同样的问题，不仅拿取微波中的食物不方便，还容易发生危险，建议在墙面适当位置安装一个 L 型支架，将微波炉放置其中。

　　平开门的设计相对来说性价比更高，开关门更方便。

2. 台面的组成和选择

厨房的台面一般分为沥水区、水槽区、备餐区、灶台区和装盘区五个区域。其中，沥水区、备餐区和装盘区最容易被我们忽略，这几个区域如果尺寸设计不合理，会让自己在厨房里变得手忙脚乱、焦头烂额。

关于沥水区的设计，我们建议在水槽一侧预留不少于 30cm 的位置，作为放置沥水碗碟架等的区域。

备餐区作为我们切菜备菜的区域，是活儿最多、东西最多、最忙碌的区域，它的宽度一定不能少于 60cm，如果能达到 80cm 更佳。

装盘区尽量安排在灶台的一侧，作为炒完菜装盘准备上桌的区域，它的宽度不少于 30cm 会更加好用。

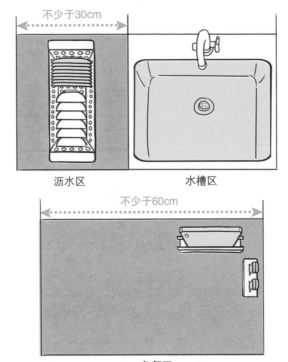

不少于30cm

沥水区　　　　　　水槽区

不少于60cm

备餐区

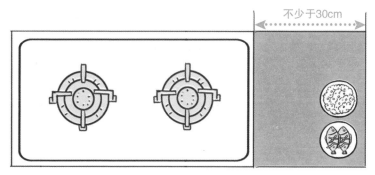

不少于30cm

灶台区　　　　　　　　　　　装盘区

3. 地柜的组成和选择

厨房的地柜主要由水槽柜、洗碗柜 / 消毒柜、灶台柜和储物柜四部分组成。

它的设计一般分为隔板式和抽屉式。

隔板式地柜   抽屉式地柜

　　隔板式的地柜拿东西有时需要弯腰蹲下，里面收纳的物品很难直接找到和拿取，而抽屉式的地柜刚好能解决这个问题，在高频率拿取物品的区域，将地柜设计成抽屉式会更好用。

　　在前面提到的厨房布局中，L 型和 U 型都存在拐角处空间无法有效利用的问题，因此这个区域地柜的选择便显得尤为重要。

有人会选择三角抽屉型的地柜，表面看上去好像能有效利用空间，事实并非如此。因为三角形的设计非常影响收纳效果，大的物品放不下，小的物品填不满。

相对而言，采用拉篮设计的地柜，从空间的利用和物品的收纳来说更为合理。

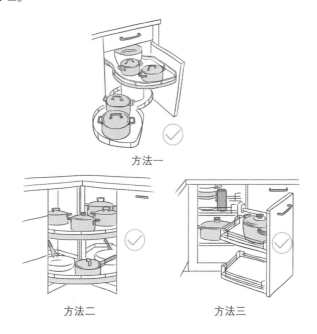

方法一

方法二   方法三

橱柜的高度和深度如何设计更合理

如果在做完一顿饭后，经常会出现腰酸背痛的情况，多半是因为橱柜的高度和深度设计得不合理。不但对身体不利，还会影响在厨房工作的效率。

一般来说，吊柜的深度设计为 30cm，地柜的深度设计为 60cm，吊柜顶部距离地面的高度设计为 225cm，吊柜底部距离地面的高度设计为 160~165cm。否则，吊柜太高东西不好拿，太低又容易碰到头。

地柜的高度设计跟厨房主要使用者的身高息息相关，为保证使用者操作舒适，一般建议非灶台区的地柜高度为身高的一半加上 5cm，而灶台区的地柜，考虑到炒锅把手的高度，建议其高度是身高的一半减去 3cm。

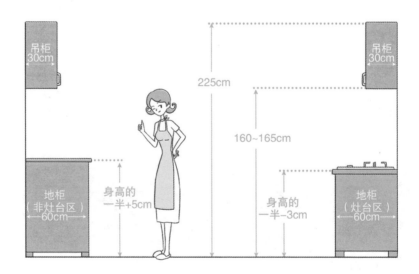

⫽ 掌握这些厨房整理的技巧 ⫽

当我们拥有了适合自己的橱柜后，往往在一开始使用的时候，用完任何东西都会及时归位，让厨房光洁如新。当东西慢慢变多了，新鲜感随之减少，随手收拾的习惯也渐渐变弱，整洁的厨房重归"混沌"。

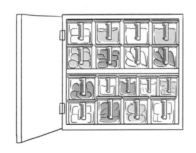

高效厨房的整理准则

　　通过前面的内容我们了解到，打造一个高效的厨房需要具备三大因素。除了合理的布局、选择正确的橱柜之外，还需要使用有效的整理收纳方法。总结起来，三点缺一不可：整理收纳工具的选择，橱柜收纳空间的规划，预留足够的可移动、可操作空间。

厨房物品的整理收纳要点

1. 厨房物品的分类和空间规划

如今可选择的厨具非常多，除了各种各样的锅碗瓢盆，还有榨汁机、豆浆机、电磁炉、烤箱、微波炉等稍微大一些的电器厨具。

在开始厨房整理前，我们要先把厨房里所有的物品进行一个大致的分类。主要分为需要舍弃的和需要留下的。

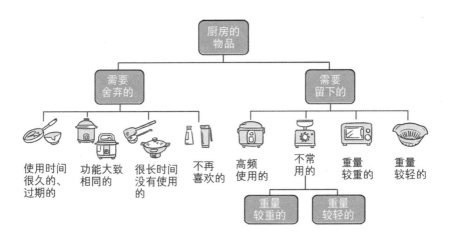

需要留下的物品一定要做好细分，并为它们规划好在橱柜中的收纳位置。

按照橱柜的组成，其收纳空间可以简单地分成三层，用于收纳已经分好类的厨房物品。

吊柜用来收纳较轻的物品

台面和墙面用来收纳高频率使用的物品

地柜用来收纳较重的物品

最上面一层吊柜，我们主要用来收纳较轻的物品，比如一些干货、零食、茶叶、杂粮、调味辅料、不常用的杯具和餐具等，其中稍微重一些的物品建议放在吊柜的下方。

中间一层的台面和墙面，主要用来收纳高频率使用的物品，比如菜刀、菜板、调味品、炒锅、汤锅、锅盖、炒勺等。

最下面一层的地柜，主要用来收纳较重的物品，比如一些不是高频率使用的锅具、餐具、各种储备调料、米面油等。

在做完厨房物品的大致分类后，对每一层，可以按照不同的功能再单独做细分。

2. 吊柜的整理收纳技巧

吊柜的整理跟整理工具的选择息息相关，否则很难有效地利用其收纳空间。

如果吊柜主要用来收纳一些食物类，建议采用透明的方形容器来收纳。透明的容器能使其中收纳的物品一目了然，既方便找取，又能看到剩余多少。同时，方形的容器相对于圆柱形的容器，在空间的利用率上也高出近三分之一。

容器的尺寸要跟吊柜匹配，最好选择多尺寸的，这样就能随意搭配组合。同时，因为吊柜较高，储存较重物品时，选择带把手的容器会更方便取放。

如果吊柜内部高度较高且没有安装层板，会导致上方空间严重浪费，这时可以选择尺寸合适的分层置物架将吊柜空间进行垂直分层，提升空间利用率。

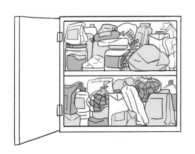 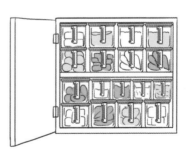

随意存放，拿取不方便　　　　　　利用收纳盒整理，整齐美观

如果吊柜主要用来收纳一些碗碟杯子类的物品，建议采用一些尺寸匹配的置物架。

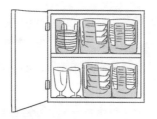 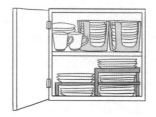

3. 台面的整理收纳技巧

厨房台面的整理，始终要牢记一点——厨房台面属于操作区域，不属于收纳区域，不要把低频使用的物品放在该区域。

清爽的台面利于高效烹饪

杂乱的台面降低烹饪效率

4.墙面的整理收纳技巧

也许有人会抱怨："我经常使用的物品就已经很多了，台面也快放不下啦，新的东西又该放到哪里去呢？"

在本书第三章提到的 PUT 整理法则中，推荐垂直法则。意思是我们可以让这些高频使用的物品能上墙的都上墙，利用一根横杆，几个钩子，把它们挂起来收纳。

在这里，推荐几个最常用的墙面收纳工具。

（1）可以组合起来收纳菜板、菜刀、各种炒勺汤勺的挂架。

（2）用来挂锅盖的锅盖架。

（3）可以分层收纳调味品和调味罐的挂架。

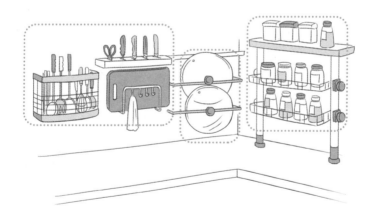

除此之外，水槽区的位置也可以利用一些挂杆或置物架，收纳需要沥水或者经常洗涤的物品。

强调一点，墙面收纳虽然能够大幅度地提升收纳效率，但是考虑到大多数中国家庭厨房的油烟问题，墙面卫生需格外留意，不能只是一味地让物品上墙，要根据自己的习惯做好取舍。

5. 地柜的整理收纳技巧

前面提到地柜尤其适合收纳较重的物品，越靠近地面的位置，收纳的物品重量和尺寸也随之越大。

对于有抽屉的区域，越靠近地面的抽屉，高度越高。可以利用收纳盒、收纳筐、收纳篮或分隔板等，把抽屉里的空间做好细分，在这个过程中，能垂直的要尽量垂直放置。

没有抽屉的地柜区域，也可以用整理工具打造出抽屉式收纳。比如分层的锅架、带有把手的收纳盒、底部带有滑轮的储物筐等，这些都能让地柜里的物品更方便地被找到和取放，并且地柜的空间也能得到最大化利用。

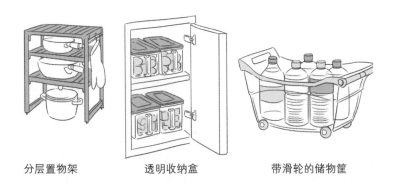

分层置物架　　　　　透明收纳盒　　　　　带滑轮的储物筐

读后实践

希望厨房变得高效好用，一定要确保烹饪的五个步骤一气呵成。尤其不能被厨房台面的杂物干扰，要确保台面空出足够的操作空间。想要优雅地下厨，在厨房里自在地大展拳脚，先从厨房台面的整理开始吧——

1. 拍下厨房台面整理前的照片
2. 检查台面是否有超过20％的空间被物品占用，如果有，则继续按下列步骤实践
3. 检查这些物品中是否存在不是每次烹饪都要用到的物品，若存在找出这些物品，按照厨房物品的分类和空间规划方法，重新规划位置收纳起来；若为每次烹饪都会用到的物品，按照墙面整理收纳的技巧，选择合适的整理工具，让物品分类上墙收纳
4. 拍下整理后的照片，对比厨房台面发生的变化
5. 让另一半下厨奖励一下自己

俗语说：
　"见客厅知主人事业成就，
看厨房知主人生活品位。"
虽然只有区区几平方米，
厨房却是体现家庭生活态度的地方。

学习正确的厨房整理知识，
让厨房不再沦为"战场"，
让厨房变得更加高效，
让厨房真正成为一家人情感交流和品味生活的地方。

儿童房里的亲子整理

很多父母抱怨自己的孩子，
家里的东西被扔得到处都是，
地板上、沙发上、床上乱七八糟，
孩子们小小的身体里充满"破坏"的能量。
曾经的"小天使"变成了"小恶魔"。
看着家里的玩具、书籍和衣物一片狼藉，
结束一天工作的父母们真是苦不堪言，
多希望孩子听话懂事，
自己的东西能自己收拾整理。

06

孩子比你想象的更能干

很多年轻父母在养育孩子的过程中会因为孩子间歇性发作的哭闹和发脾气而心烦意乱，有时甚至想把孩子塞回肚子里。然而，我们冷静下来想想，孩子们的这些"无理取闹"，真的全都毫无道理吗？

孩子具有天生的秩序感

当我们认为孩子在无理取闹时，是否是因为：

● 吃饭时，让他坐在了妈妈和奶奶的中间，而平时都是坐在妈妈爸爸的中间；

● 帮他穿袜子时，先穿了右脚再穿左脚，而平时都是先左后右的；

● 因为觉得碍事，我们把客厅的椅子挪到了阳台，而这个椅子自他出生起就一直放在电视柜旁。

这些在大人看来似乎很平常的举动，却引来了孩子的哭闹，作为父母，会容易误以为这就是一个不听话的熊孩子。

其实，这是孩子在维持自己的"秩序感"。很多父母并不知道，孩子对事物的秩序有着强烈的需求，对物体摆放的空间顺序、生活起居习惯的时间顺序，他们会逐步地适应和习惯，有时甚至到了"偏执"的地步，这就是孩子天生的秩序感。

举个例子，有一天，家里来了客人，客人随手将买的水果放到了桌子上，六个月大的孩子看到后，便立刻变得不安并哭闹了起来。起初，客人还以为是因为孩子喜欢吃水果，便将水果拿到孩子跟前，但是孩子哭闹的声音更响了，而当客人把水果拿走放到孩子看不见的地方之后，孩子很快就平息下来了。

这种对物品的敏感体现的正是孩子的秩序感。当物品被放在他认为应该放置的位置上时，就会表现出高兴和满足，反之就会表现出生气和哭闹，比如书没有像平常一样放在书架上而是随手放在了桌子上，就有可能引起孩子的哭闹。

到了能四处走动的年龄后，孩子往往会是家中最先发现东西放错

位置的人，并会将它放回原处，而成年人反而缺乏这样的敏感。如果孩子所看到的、感受到的秩序被打乱，并且无法还原，就可能引起他心理上的不安，这也是孩子哭闹的原因所在。

孩子刚进幼儿园时的哭闹，相信每个父母都亲身经历或目睹过。可为什么有些孩子能很快地适应幼儿园的环境，而有些孩子却会持续几天哭闹不止呢？

在平时的生活中，如果父母没有关注到孩子对秩序感的敏感，给孩子提供的生活环境缺少规则，总是处在不停地变动中，就会让孩子无所适从，产生心理上的焦虑和不安，进而会对"改变"产生恐惧和抵触。如果父母经常为孩子营造一种秩序感，会提升其安全

感。同时，与孩子一起把打破的秩序重塑，也会提升孩子对"改变"的适应性和接受度。

父母们一定不要忽视这一点，因为从某种程度上来说，幼时的秩序感培养会影响孩子的一生。

这里，我们需要提到一位享誉全球的幼儿教育学家——玛利娅·蒙台梭利。她所创立的幼儿教育法风靡了整个西方世界，深刻地影响着世界各国的幼儿教育。她提出——"秩序"不仅仅是指把物品放在适当的地方，还包括遵守生活的规律、理解事物的时空关系，以及对生活中的各种事物进行分类，并找出它们内在的联系。

　　孩子需要一个有秩序的环境来帮助自己认识事物、熟悉环境。他们的秩序敏感力常常表现在对场所、顺序、所有物、生活习惯和约定的要求上，可是如果父母不能给孩子提供一个有序的生活环境，孩子便没有基础来建立对各种关系的感知。

　　在孩子的成长过程中有一个重要的时期，对秩序极端敏感，这种敏感在孩子出生后第一年就会出现，并一直持续到第二年甚至第三年。如果在这个秩序敏感期内，孩子没有得到正确的引导，那些紊乱的状况就可能成为他今后发展的障碍。

　　同时，在六岁以前，孩子都会处于吸收性心智发展阶段，这个阶段的孩子会不加选择地从身边汲取大量信息，来发展和完善自我，如同海绵吸水，水是什么颜色，海绵便会染上什么颜色。

　　我们都知道，孩子接触的第一位老师就是爸爸妈妈。当父母以身作则常常整理物品时，孩子也会潜移默化地跟着学。但是，我们身边确实存在这样一类父母，他们对孩子过度溺爱，认为孩子还小，等长大了再学习整理也不迟。

　　其实，整理收纳房间完全可以成为一项名副其实的亲子活动。

整理房间的过程，也是锻炼孩子手眼协调能力、操作能力、逻辑思维能力的过程，同时还可以培养孩子的责任心、自律性及判断力。

我们理解，每一位父母都竭尽所能，希望为孩子创造最好的成长条件，想方设法满足孩子的各种需求。但是，这样做往往也会制造出大量物品，超出孩子甚至是父母的控制和管理能力，让孩子的生活环境出现失控的状况。

让孩子从小就学会整理，恰恰是在"孩子、物品与空间"三者之间建立一种孩子自己的秩序。除此之外，这么做还可以开发孩子的智力，让孩子有意识地培养有计划、有效率、有质量的生活习惯。

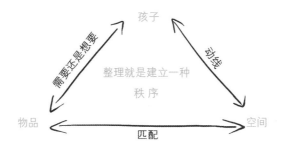

孩子的五种思维和三种能力

通过和孩子一起整理，我们可以增进自己与孩子之间的沟通和了解。孩子在思考如何去整理自己的心爱之物时，也会越来越了解自己。更重要的是，通过整理，可以全面培养孩子的整理思维，即辨识、分类、选择、收纳和记忆这五种思维。

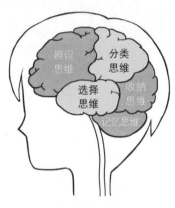

儿童整理思维

1. 辨识思维——其实孩子拥有很强的辨识思维

很多时候我们会发现，孩子比我们更擅长发现身边不同的事物。当他们看到妈妈用了爸爸的杯子，会觉得那样不对；妈妈一直告诉他早上起床要先刷牙再洗脸，而某天当他发现奶奶是先洗脸再刷牙，就会觉得不妥……像这些定下来的规则一旦发生了变化，孩子们就会觉得很奇怪。

 练习建议

我们可以利用 "请找出两幅图中不一样的地方" 这样的小游戏，来锻炼孩子的辨识能力，引导孩子在众多物品中找出不一样的或者一样的物品。

2. 分类思维——重要的是会分类而不是怎么分类

在培养孩子的分类思维时，可以由物品的分类开始。在这里，我们强调一个观点，即物品的分类方法，其实并没有规定怎样才是正确的。比如，可以把玩具按照不同的种类分类，也可以按照不同的材质来分类，还可以按照自己的喜好程度来分类。

世界上并不存在最正确或者唯一对的分类方法，而是取决于分类者的关注点在哪里，一个人如何对眼前的事物做分类，体现着这个人如何看待周围的世界。如选择按喜好程度来分类的孩子，对他来说"自己和物品的关系"是最重要的，主观意识会比较强。

练习建议

> 我们可以和孩子一起做一些物品的分类练习，让孩子开动脑筋自由发挥。格外要注意的是，孩子的想象力远比大人们更丰富，作为父母，就算有时我们会觉得孩子想出的分类方法有点奇怪，也要先给予肯定，鼓励孩子表达出自己的分类标准，同时也可以给予一些引导和建议。

3. 选择思维——从小明白有舍有得的道理

人的一生无时无刻不在做"选择"，锻炼孩子的选择思维，可以让他们能够在不同的分类中，更快速地做出自己的选择。

买红色还是蓝色？买毛绒公仔还是塑料汽车？面对诸如此类的选择，孩子的回答通常是"都买"。当家里的玩具实在太多想处理一部分的时候，指着某个玩具问孩子"要还是不要"，孩子的回答依然是"要"。这个时候，我们可以通过跟孩子做约定来训练他们判断物品取舍的能力，从而帮助他们选择出必要的物品。

练习建议

我们可以和孩子做一个约定。比如，我们拿出一个玩具箱，和孩子约定好，玩具如果装满了就不再买新的了；每当玩具放不下时，主动询问孩子箱子里面哪些玩具是不要的，并且态度坚定地告诉孩子，想要往箱子里再装玩具，就要减少一些现有的玩具。这样就能训练孩子判断物品取舍的能力，正确选择出必要的物品。

4. 收纳思维——让孩子从"放回原处"做起

收纳技巧有很多，孩子不需要也不可能一一掌握，告诉孩子"用过的东西要放回原位"，是最容易做到的，也是最容易见效的。

在物归原位的同时，引导孩子把同类物品放在一起，并且以后都固定放在一个地方，就能有效避免孩子养成随手乱放的坏习惯。

练习建议

我们可以多和孩子沟通，例如"什么物品放在什么地方最合适"，并让孩子说出自己的理由，然后再和孩子一起把物品按照不同的类别收纳放到确定好的位置。

5. 记忆思维——让孩子更好地融入家庭

大多数家庭中都是妈妈在整理物品，因此经常只有妈妈才知道什么物品放在什么地方。当我们和孩子一起收纳物品以后，可以鼓励孩子记住物品的收纳位置。

练习建议

我们可以经常跟孩子一起做一些寻找物品的游戏来锻炼孩子的记忆思维能力。比如让孩子和爸爸比赛，妈妈提问"谁知道剪刀放在哪里"之类的问题，最后看谁知道的多。这是一个非常好的锻炼孩子记忆思维的练习，同时也能教育孩子，作为在一起生活的一家人，不能所有事都交给妈妈，孩子也应该参与进来，这样他们才更有主人翁意识。

与孩子一起做亲子整理，除了全面培养孩子的整理思维，还能提升孩子的三种能力。

1. 提升孩子的思考能力

我们的身边到处都是物品，通过与孩子一起做亲子整理，孩子就会学着思考哪些物品是自己需要的；孩子也慢慢学会管理物品，学会自己的事情自己做，变得更独立。同时，他们会学着以自己的方式去理解周围的事物，不再人云亦云，这是现代社会每个人都需要掌握的一种很重要的能力。

2. 提升孩子的交际能力

"如果不把电视遥控器放回原位，爸爸妈妈要用的时候就会找不到"，当孩子开始产生这种意识的时候，便是一种成长。

这种开始懂得为他人着想的好习惯，其实是人际关系中一种基本的能力。这种能力如果得以提升，孩子就会懂得洞察他人的心情，能够准确表达自己的观点并听取他人的意见，日后也会慢慢形成一套与他人融洽相处的规则和习惯。

3. 提升孩子的执行能力

当孩子进行具体的整理实践时，他们会慢慢开始用自己的方式去理解周围的事物，然后养成随手归位的好习惯。以后当他们面对一些突发状况时，也能灵活应对。孩子甚至会以自己的方式制定秩序，而这些都是他们将来走向社会所需要具备的能力。

当你的孩子真正爱上整理，并把整理融入他的日常生活习惯中时，你看到的不仅仅是整洁优雅的环境，还有一个具备独立人格、做事有条理的孩子。你也可以慢慢放手，让他打理自己的一切，一个能精心安排好自己生活的孩子，一定有能力掌控自己的未来。

和孩子一起解决整理难题

其实整理儿童房，最重要的是孩子要在父母的带领下一起解决整理难题。在这个过程中，父母要逐步训练孩子的自理能力，培养他们独立自主的人格。为此，有几个地方需要格外注意。

1. 父母要以身作则

为了培养孩子主动整理的习惯，爸爸妈妈们一定要以身作则，同时也要帮孩子确定好物品的收纳位置。和孩子约定好，用完物品后，一定要物归原位。与其在弄成一团乱的时候才叫孩子去整理，不如事先让孩子清楚地知道什么东西该放在什么地方。

2. 家庭教育理念要统一

三代同堂的中国家庭经常会出现这样的情况：孩子在乖乖地收拾玩具，奶奶或其他长辈就会过来帮忙。他们心疼孩子，任何看似力所不及的事都不会让孩子干，这样其实非常不利于孩子的成长。

整个家庭氛围和教育理念如果不能达成一致，就无法形成孩子统一的行为准则，不利于孩子健全人格的构建。尤其是在孩子的基本行为习惯和素质的养成方面，整个大家庭务必要形成统一的教育理念和模式方法，否则很有可能事倍功半。

3. 循序渐进地培养孩子的整理习惯

一些父母让孩子开始整理的时候，每次只是给孩子下达一个"收拾东西"的指令。孩子要不无动于衷继续玩，要不撒腿就跑。之所以会这样，是因为"收拾东西"这四个字对于孩子来说太抽象，他们自然会选择忽略掉。

培养孩子的整理习惯，我们一定要给出明确的指令，包括什么东西、从什么位置放到什么位置、放多少等。

在检验他们完成情况的时候，也要分阶段地定标准，开始的时候只要大致的位置、方法没问题就行了，切忌急于求成。要让孩子慢慢在整理物品中找到成就感和自信心，让孩子乐意去整理自己的物品。

特别需要注意的是，我们一定要给孩子留出足够的时间，因为孩子的节奏是比较慢的，不能按照成人的标准去要求。

4. 要调动孩子的整理积极性

当孩子整理房间时，我们要利用赏识教育的方法，及时给予孩子表扬，这对孩子来说是一种鼓励，同时也能激起孩子保持整洁的兴趣。

我们可以通过游戏的方式去调动孩子整理的积极性，培养他们的整理兴趣。

5. 帮孩子控制物品的数量

通常孩子在玩玩具时，喜欢把全部玩具一股脑地都翻出来，这也导致在整理收拾的时候，工作量变得特别大。面对这样一个"烂摊子"，别说是孩子，就算是父母也会充满恐惧和烦躁。

因此，父母一定要控制好孩子的物品数量（包括玩具在内），千万不能让物品的数量超出自己和孩子的管理能力，在买玩具这件事上，不要一味地向孩子妥协。同时，除了前面"选择思维"中提到的"玩具箱"方法，还可以和孩子约定好：每次只能拿少量的玩具，想玩其他的，就一定要先把之前玩的玩具放回原位等。

∥ 玩具再多也不乱 ∥

很多儿童房需要同时满足学习与游戏两种需求，这样会造成书本和玩具总是混在一起，没有固定收纳的位置，从而让很多父母觉得儿童房特别乱，难以整理。

我们可以将儿童房里的空间划分为游戏区与学习区，再规划物品的固定收纳位置，这样一来，整理就会变得容易多了。

玩具的整理步骤

　　游戏区里儿童玩具的整理步骤一共分为八步，需要注意的是，在整理的过程中，我们一定要不断地和孩子沟通，一起操作，并且相互约定好，这样才是有效的亲子整理。

 知识点

　　儿童玩具的整理步骤：

- ◆ 了解玩具的拥有情况
- ◆ 把所有玩具集中
- ◆ 将玩具分成四大类：舍弃类、转送类、等待类、在玩类
- ◆ 将"在玩类"玩具再做一次分类
- ◆ 将玩具分类放入不同的整理收纳工具中
- ◆ 在整理收纳工具上贴上标签
- ◆ 将不同类别的玩具放置在规划好的位置
- ◆ 养成用完归位的好习惯

　　在"知识点"的第三步中，我们把所有玩具分成了四大类。其中，破损或零件不完整，或是完全丧失使用价值的玩具，我们统一划分为"舍弃类"。随着孩子长大，这些不再适用的玩具理应舍弃，但这个工作应该交给孩子自己来做。

　　有些玩具是一直陪伴孩子长大的，承载着父母的疼爱和孩子的喜爱，当准备丢弃时，我们可以和孩子一起回忆当初购买时的场景，让孩子知道要爱惜玩具、感恩父母。对于这一类玩具，父母可以和孩子一起做个简单的告别仪式，请孩子对它们说"谢谢""再见"等，获得孩子的同意后再处理。当然，父母也可以留下孩子特别喜欢且有着特殊意义的玩具，当作孩子日后精神上的安抚品。

　　被孩子反复玩过许久，且确定了孩子不会再感兴趣的完好玩具，我们统一划分为"转送类"。处理的方法有：

　　● 和孩子一起捐赠给需要的机构；

　　● 在二手闲置交易市场上售卖，建立孩子自己的"玩具基金"。帮孩子制定好使用基金的制度后，可以交给孩子自己管理；

　　● 和孩子商量举办一个"交换玩具派对"，邀请孩子的小伙伴们也带上自己"转送箱"里的玩具，然后大家可以在派对上交换玩具。

孩子每个阶段的玩具都是不一样的，再加上总是对新玩具感兴趣，因此以上提到的方法都是不错的选择。我们可以鼓励孩子要爱惜玩具，告诉他只有完好无损的玩具才能拿去售卖或交换，一旦玩具坏了，就不会有其他小朋友愿意要了。

　　统一把一些超龄的、超量的玩具划分为"等待类"。这一类玩具大多是因为父母冲动提前购买或他人赠送的，我们需要等到孩子能够驾驭时再拿出来交给他。

　　孩子现阶段正在使用的玩具，我们可以先简单地统一划分为"在玩类"。

　　对于"在玩类"的玩具，我们可以和孩子一起再做一次分类，以下分类方法供大家参考。

● 按照玩具的使用频率分类，把孩子经常玩的和不经常玩的玩具分开放置；

● 按照玩具的不同种类分类，比如玩偶类、积木类、球类、机动小车类等；

● 按照玩具的不同材质分类，比如木质的、塑料的、纸质的、布艺类的……；

● 按照玩具的不同尺寸分类；

● 按照玩具的不同颜色分类。

在这一步中，玩具的分类是玩具整理的关键环节。开始时，我们一定要指导孩子根据自己的喜好给玩具分类。这是一种特别有益于孩子大脑开发的整理训练。

第一次整理玩具的时候，父母可以和孩子一起像玩分类游戏一样进行，既要帮助孩子进行分类的思考，更要引导孩子讲述自己的分类理由，在这个过程中，父母要多给予孩子鼓励。

当完成一次整理后，孩子的意识中就会形成一种固定模式，他们会知道哪些玩具属于同一个种类，应将它们收纳在一起，慢慢地他们就会养成爱整理的好习惯了。

玩具的收纳方法

1. 箱体收纳法

选择收纳箱、收纳筐和收纳篮来收纳玩具，都属于箱体收纳法，这也是最常用的一种方法。比起散乱一地的玩具，把它们收纳在箱子里，房间看起来要整洁多了。

在放置时，我们要考虑，如何让孩子随时取用及归位方便，例如，可以把它们放在适合孩子身高的储物架或柜子上。

如果没有适合孩子身高的储物架或者柜子，也可以直接用自带箱体收纳的玩具收纳架。和孩子一起将玩具分类收纳在上面不同的收纳筐里，让孩子轻松拿放，自己也能学着整理玩具。

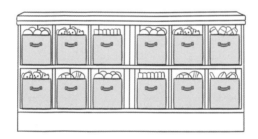

面对体积较小的玩具，建议选择无盖的、浅层的收纳筐来收纳。要尽量让孩子第一眼就能看到筐子里的玩具，迅速找到的同时还能方便拿取。

那些体积较大或者使用频率不高的玩具，建议选择深层的收纳箱来收纳，每个箱子只装同一类玩具。我们还要在箱子的外面贴上标签（对于识字不多的孩子，可以选择图片标签），让孩子清楚地知道里面收纳的是哪一类玩具。

2. 袋子收纳法

对于一些小户型的家庭来说，家里的空间原本就不大，还要从中挤

出大量收纳玩具的空间，的确是有些困难，这个时候我们就可以利用悬挂式收纳袋，让部分玩具"上墙"，从而节省房屋的地面空间。

需要注意的是，袋子收纳法比较适合收纳体积较小且重量较轻的玩具。同时，我们也要规划好收纳的位置。例如，孩子不经常玩的玩具我们可以悬挂收纳在上方；而经常玩的玩具就要悬挂收纳在下方，这样他们才能够得着。

还有一种玩具收纳袋，能够快速将散落满地的玩具收入囊中，特别适合那些同类玩具数量特别多的孩子。

　　我们只要和孩子约定好，将同类的玩具用同一个收纳袋收纳即可。还可以通过选择不同颜色的收纳袋来做区分，或是在收纳袋上贴上标签。

　　建议在玩具架上只留下孩子"应付"得来的玩具数量。通过合理地组合，在保证丰富性的前提下，随着孩子的兴趣或能力的变化，每隔一段时间，便可以和孩子一起商量，用一两件新玩具替换原来的玩具。

　　这样，在精简玩具的同时，购入新玩具的频率也能得到控制，还能避免重复购买同类玩具。如此一来，家里玩具的品类和数量都在父母和孩子的可控范围之内了，整理收纳的难度也降低了很多。

书籍整理让孩子爱上阅读

塞得乱七八糟的书架、散乱在房间各个角落的儿童书籍，也是父母们公认的儿童房里的整理痛点。作为望子成龙、望女成凤的家长们，都喜欢给孩子买书，但大多都忽视了书籍整理的重要性。

儿童书架的基本原则

- ●儿童房里的书籍数量越来越多，早已超出了书架的承受能力；
- ●大量不适龄的书籍仍然保留在书架上；
- ●书架上书籍的收纳毫无规律，非常不方便找寻；
- ●书架的设计并不适合孩子拿取书籍，更不用说让孩子自己整理书籍了。

这些都是忽视儿童房书籍整理带来的不良影响，很多父母在抱怨孩子随手乱放书籍的时候，是否反思过，房间里的书架真的适合孩子吗？自己和孩子一起认真讨论过书籍该如何整理吗？

我们先来了解一下儿童房里书架设计的基本原则——按照孩子的年龄来设计。

年龄越小的孩子，越是需要看到完整的书的封面，以此来找寻和区分书籍。当孩子开始看一些绘本图书的时候，书架的安装最佳高度应是孩子举起手能够到的位置，展示出来的书不用太多，以正在阅读的为主即可。

等到孩子稍大一点时，书的数量会增多，这时可以优先考虑容量更大的书架，不必选择完全展示出书籍封面的书架。虽然书的封面无法全部露在外面，但孩子看到时会自己脑补出被遮住部分的样子，从而判断它是不是自己想要的书，这也是一种能力的进步，对小孩子的认知能力来说也是不错的锻炼。

到了孩子身高猛增的年龄，可以相应地选择高一点的书架。这时，即使孩子够不着，也会懂得搬来小凳子踩上去拿书本。同时，他们也会意识到这是属于自己的阅读角，有助于养成非常好的阅读习惯。

　　而对于学龄后的孩子，他们的逻辑归纳能力已经很强了，看的书也越来越厚，放在书架里已经不容易混淆了，那么父母们就可以采用成年人使用的书架和书籍陈列方法，同时我们还可以搭配使用一些图书整理篮来整理收纳书籍。

儿童书籍的整理方法

首先，我们要和孩子一起把儿童房里所有的书籍都集中在一起，比如堆在房间的小地毯上。

然后，再把书籍分成六大类。

 知识点

儿童书籍的分类方法：

◆ 第一类：破旧损坏要舍弃的
◆ 第二类：不适龄的，已经阅读过的
◆ 第三类：不适龄的，留作将来阅读的
◆ 第四类：适龄的，已经阅读过，且将来不会再阅读的
◆ 第五类：适龄的，正在阅读的
◆ 第六类：适龄的，待阅读的

紧接着，找出四个纸箱，将前四类书籍分别装进对应的纸箱，按照如下方法分别处理。

● 第一类书籍就当废旧品回收处理；

● 第二类和第四类书籍可以联系一些机构进行转赠；

● 第三类书籍，则需要父母先规划一个地方收纳好，待到孩子适龄时再拿出来；

● 关于第五类书籍，可以按照刚刚提到的书架设计要领，将正在阅读的书籍收纳在书架上，一般放在书架中下方孩子方便拿取的位置；

● 第六类书籍的收纳方法，需要区分学龄前和学龄后。

如果是学龄前的孩子，建议将书籍交由父母代为保管，比如在父母书房的书架上规划一处空间收纳，也可以用收纳篮统一收纳。如果是学龄后的孩子，建议将待阅读的书籍放在书架上方。

在书架上展示的书籍，我们可以和孩子一起用标签管理法来整理收纳。孩子在放置书籍的同时，还能锻炼自己的逻辑思维能力，按照自己的习惯来给书籍打标签，将它们分类放好。

过多的书籍展示在孩子的书架上，反而会分散孩子的阅读注意力，也可能给孩子造成心理上的压力，降低孩子的阅读兴趣。

作为父母，要随时观察孩子的阅读情况，把控好书架上书籍的数量，既不能超出孩子的管理能力，也不能超出书架的收纳能力，更不能让购买的频率超出孩子的阅读速度。

　　建议，每增加一本新书时，一定要根据孩子阅读状态的变化，把书收纳到对应的位置。同时建议，每隔一个月重新审视一下书架上的书籍，重新调整已读、待读、正在阅读的书籍，并把它们收纳到相应的位置。

正在阅读的

适龄待读的　　　　　　　　适龄已读的

⫽ 让孩子做自己衣橱的小主人 ⫽

孩子长得太快，每个季度都要买衣服，再加上亲戚朋友送的，导致大多数家庭里孩子的衣物数量并不少，甚至比大人的还多。好不容易理清了自己的衣橱，孩子的衣服却又成了烦心事。

儿童衣橱的规划要领

有些家庭，孩子和父母共用一个衣橱，孩子的衣物和大人的衣物混放在一起，这样做容易造成病菌相互传播感染，又不方便孩子找到和拿取衣物，更无法从小培养孩子的整理习惯。而且，成年人衣橱的内部空间设计并不一定适合收纳孩子的衣物，这样一来反而会造成衣橱空间的浪费。

但如果因为受一些条件所限，不得不跟孩子共用一个衣橱，我们建议在衣橱的中下方规划出一块区域，用来单独收纳孩子的衣物，并且需要利用一些整理工具，将空间格局进行重新规划，以方便孩子使用。

孩子1岁半以后，我们建议让他们拥有自己独立的衣橱，将他们的衣物单独存放。在蒙台梭利儿童教育方法中曾提到，这样做会有助于孩子自然地产生自理意识和行为。同时给孩子设计的衣橱最好采用合适的尺寸，以方便他们学习整理和收纳，让他们养成衣物归类整齐摆放的好习惯。

考虑儿童衣橱收纳功能时，建议挑选玩具、书籍、衣物等儿童用品可以同时收纳的，实现一柜多用。

在孩子较小的时候，叠放的衣物肯定比挂放的多，但随着他们的快速成长，挂放的衣物会逐渐增多。考虑儿童衣橱的空间规划时，需要将未来5~10年的变化考虑进去，能够灵活调整叠衣区和挂衣区的空间占比就显得十分重要了。

我们可以在衣橱的内部多设计一些活动层板，当折叠的衣物比较多时，可以用活动层板隔开，分层放折叠的衣物，等孩子逐渐长大后，可以将层板逐层调整或是抽掉，加上挂衣杆，这样就变成挂衣服的空间了。

活动层板

由于孩子的衣物相对大人的要短很多，我们也可以考虑安装两个挂衣杆，等孩子长大后再拆掉一个。

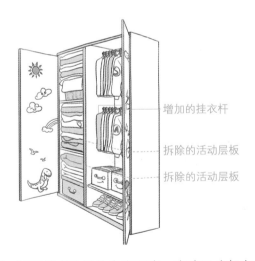

增加的挂衣杆

拆除的活动层板

拆除的活动层板

在安全性方面，还要考虑孩子的身高因素，在孩子头部高度的位置，避免设计抽屉等可以拉出的配件，防止因没能及时收回而发生碰撞意外。一般来说，儿童衣橱的抽屉都设计在比较低的位置，安全且方便孩子自己拿取衣物。

儿童衣物的整理步骤

孩子衣橱里的衣物，绝大部分都是父母给孩子做决策购买的，并没有充分征求过孩子的意见。通过和孩子一起整理他的衣橱，我们可以了解孩子自己的想法和意见，让孩子有"主人翁"意识，并能培养他的审美能力。

 知识点

儿童衣物的整理步骤：

◆ 了解孩子衣物的拥有情况
◆ 将"破损的"和"孩子明确表示不喜欢的"衣物清理掉
◆ 将剩余衣物分成"悬挂的"和"折叠的"，并给它们规划出收纳位置
◆ 给以上两类衣物再做一次分类
◆ 把衣物按照正确的方法收纳好
◆ 养成洗净放回原位的好习惯

儿童衣物的整理步骤总共分成六步，其中第三步提到了儿童衣物的分类方法，我们可以参考以下几种方法：

●按照春夏秋冬不同季节对衣物进行分类，过季的衣物要收好；

●按照穿衣的频率，即经常穿的和不经常穿的衣物分类，比如日常家居服和一些特定节日外出才穿的衣物要分开；

●按照衣物的种类分类，比如T恤、牛仔衣、毛衣等；

●按照衣物的尺寸分类，把衣物按照各自的长短、厚薄、大小分类，相同尺寸的衣物收纳在一起。

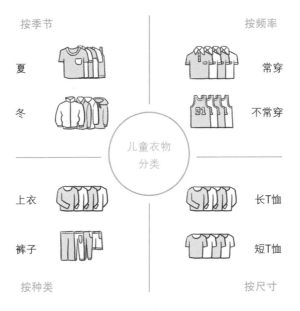

按季节　　　　　　　　　　　　按频率

夏　　　　　　　　　　　　　　常穿

冬　　　　　　　　　　　　　　不常穿

儿童衣物
分类

上衣　　　　　　　　　　　　　长T恤

裤子　　　　　　　　　　　　　短T恤

按种类　　　　　　　　　　　　按尺寸

　　在第五步中，我们可以和孩子一起把适合悬挂的衣物按长度和颜色挂好，把适合折叠的衣物使用整理箱或者整理盒分类垂直收纳好，记得同类衣物要集中收纳在一起。

　　建议：孩子的衣橱整理一定要和孩子一起做，让孩子真正成为自己衣橱的主人。在整理的过程中，要多听孩子的意见，不要擅自替孩子做决定。比如决定扔掉哪些不穿的衣物时，要征求孩子的意见，问问孩子是不是已经真的不喜欢了，把判断和决定的权力留给孩子。最后记得要和孩子约定好，每次洗干净的衣物都要放回原位。

儿童衣物的收纳方法

对于已经分类清晰的衣物，在儿童的衣橱里，还有一些收纳技巧也值得我们关注。

包括裙子在内的长衣服、质地薄容易皱的衣服、使用频率高的衣服以及当季穿的外套，这些都可以挂起来收纳。

儿童衣物以棉质类居多，收纳工具建议用抽屉或者抽屉式的叠衣整理盒来收纳。

儿童衣物的尺寸通常都比较小，直接叠放在抽屉里容易散乱，可以和孩子一起利用儿童叠衣板和整理箱，将衣物折叠好垂直收纳在抽屉里，这样既节省空间，也方便孩子找寻和拿取。

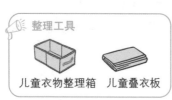

整理工具

儿童衣物整理箱　儿童叠衣板

前面提到的玩具标签分类法，也同样适用于儿童衣物。选择尺寸适合的整理盒摆放在衣橱里，将同类别的衣物收纳在一起，然后在整理盒外贴上标签，注明衣物的款式、颜色或尺寸等，这也是一项对孩子非常有益的分类能力锻炼。

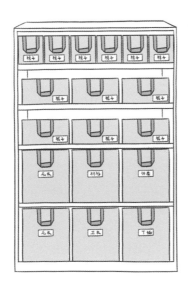

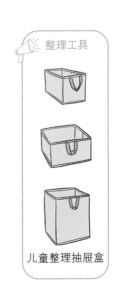
整理工具

儿童整理抽屉盒

前面提到，当家里没有儿童专用的小型衣橱时，可以在大人衣橱的中下方为孩子打造一个专属空间，这就需要使用挂袋和抽屉式整理盒进行收纳。把不同的衣物叠好垂直收纳在不同的整理盒里，然后再给它们贴上标签做区分。同样的，我们也可以给整理箱贴上标签，收纳孩子的过季衣物，尽量将同类衣物收纳在同一个或同一类整理箱内。

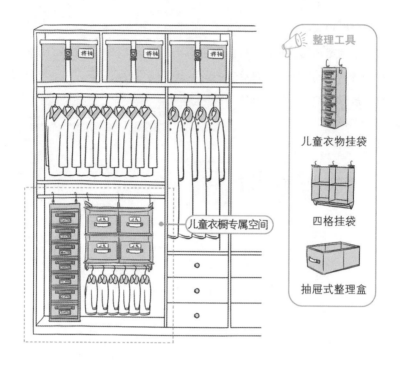

整理工具

儿童衣物挂袋

四格挂袋

抽屉式整理盒

儿童衣橱专属空间

　　以上提到的有关儿童玩具、书籍和衣物的整理方法，能够循序渐进地培养孩子的整理思维，父母们不必再困扰"越来越多的儿童物品如何塞进有限的空间里"，而孩子也不会在过多的玩具或是书籍面前无所适从，反而会更专注于玩耍的乐趣和阅读的体验。

孩子们一天天地长大，用自己的方式探索着外面的世界，父母的陪伴对于他们来说是最长情的告白，是最温柔的教育，也是孩子成长中最重要的事情。所以，不要再以工作忙、没时间为借口了。其实，居家生活中的每个时刻都有机会变成绝佳的亲子游戏时间，就让我们跟孩子一起开始做整理吧——

1. 拿出一件孩子的短袖和一件爸爸的短袖
2. 妈妈做裁判，爸爸跟孩子一起进行一个"看谁的衣服叠得又快又好"的游戏
3. 妈妈拿孩子的短袖先给爸爸和孩子演示一遍正确的叠衣方法（可参考本书第4章第2小节）
4. 让孩子和爸爸动手叠衣练习，在练习的过程中要及时给予孩子指导和鼓励
5. 让孩子和爸爸开始比赛
6. 拍下孩子和爸爸各自叠好的衣服，给予孩子鼓励和奖励
7. 最后记得让孩子和爸爸将叠好的衣服放回各自的衣橱抽屉

整理是一切的开始，
保持孩子天生的秩序感，
培养孩子的整理思维，
可以让孩子从中获得乐趣和成就感。
当孩子养成自主整理的好习惯，
就能主动维护家里的整洁与秩序。
其实，每一个孩子都是爱整理、会整理的小天使。

其他区域的整理术

家，不仅仅是我们居住和生活的空间，
更是情感的归属和治愈疲惫的港湾。
可不知从何时开始，
物品"侵占"了本该属于我们的空间。
生活区域被填得满满当当，
我们没有了自由活动的空间。
当家变成了一个巨大的物品储存箱，
生活将不再舒适。
不要着急，
让我们把家里各个区域存在的困扰，
逐一解决掉。

07

还自己一个漂亮又实用的玄关

玄关代表了家的"门面"，是主人和访客对于这个家的第一印象。很多家庭在装修房子的时候，都会把玄关用心装饰一番。

可是，过了一段时间，玄关里鞋子、鞋盒就被堆得到处都是，鞋柜上钥匙、眼镜、各种卡片、传单被随手丢放着……为什么原本漂亮的"门面"会变成家里的"垃圾站"？

被忽视的收纳功能

"玄关"一词原本出自"玄之又玄，众妙之门"，本意是指道教内炼中的一个突破关口，现在泛指房屋进门后室内和室外的一个过渡空间。在前面我们提到了四合院的建筑风格，其大门进去首先看到的便是"影壁"，它的存在使外人不能直接看到宅内人们的活动，而且通过影壁在门前形成了一个过渡性的空间，给主人一种领域感，这应该算是现代玄关的前身了。

中国的传统文化，重视礼仪，讲究含蓄内敛，有一种"藏"的精神。这里的"藏"，除了代表玄关是室外和室内的缓冲和隔断，也代表了它在现代家庭中所需要承担的一个重要功能——收纳。可是，还是有很多人认为玄关的作用仅仅是签收快递包裹、拿取外卖、换鞋换衣的地方。玄关变成"垃圾站"，其中一个很重要的原因就是我们忽略了玄关的收纳功能。

其实，从进门开始，玄关的收纳功能就影响了我们之后的所有动线——穿鞋换鞋、鞋子收纳、衣物取放、包包搁置……想象一下，如果玄关不具备任何收纳功能，是不是客厅的椅子上就会挂满了衣服，沙发上就会堆满了包包，地板上就会散落各种快递包裹？

目前，和各种进出场景关联的收纳功能，已经逐步变成对玄关的基本诉求。便于挂衣放包，又能坐下舒适换鞋，还要考虑平日里钥匙、雨天雨伞的存放放置，如果能把玄关的收纳储物功能设计好，那么玄关这方寸之地也能极大方便我们的日常生活，避免沦为堆积杂物的"垃圾站"。

给玄关的物品规划收纳空间

一个人从室外走进室内，需要换鞋、脱掉外套大衣、放置包包、摆放钥匙门卡等，这一系列动作中，会涉及拖鞋、次净衣、挎包、钥匙等物品。除了这些物品之外，还有一些比如婴儿车、吸尘器、旅行箱等在室内不便收纳的物品，都可能会被收纳在玄关。这样看来，玄关需要收纳的物品不仅种类多，而且大小形态各异。对于玄关的收纳，我们需要从玄关常见的物品分类开始。

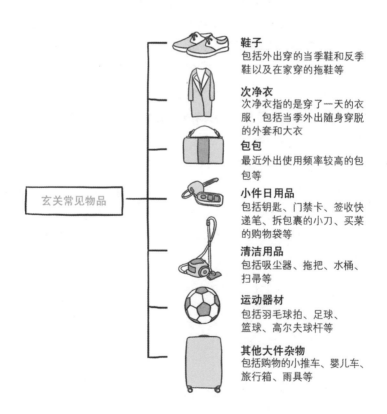

玄关常见物品

鞋子
包括外出穿的当季鞋和反季鞋以及在家穿的拖鞋等

次净衣
次净衣指的是穿了一天的衣服，包括当季外出随身穿脱的外套和大衣

包包
最近外出使用频率较高的包包等

小件日用品
包括钥匙、门禁卡、签收快递笔、拆包裹的小刀、买菜的购物袋等

清洁用品
包括吸尘器、拖把、水桶、扫帚等

运动器材
包括羽毛球拍、足球、篮球、高尔夫球杆等

其他大件杂物
包括购物的小推车、婴儿车、旅行箱、雨具等

了解完这些玄关物品的分类后，我们需要在玄关为它们分别规划出一处空间来分类收纳，对于装修时没有得到合理规划的玄关，甚至还需要打造对应的收纳家具来安置它们。

　　如果玄关空间足够大，而生活阳台空间不足的话，可以设计一个家政柜，将清洁用品、运动器材等其他杂物分类收纳。还可以在玄关设计一个专门用来挂次净衣以及收纳包包的小衣柜，让客厅的沙发、椅子不再成为次净衣和包包的"容身之所"。

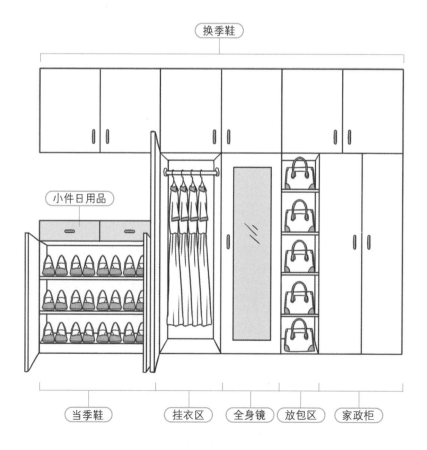

现在市面上推出的玄关柜，基本也符合以上柜体的组合及功能，有一些还被赋予了展示、装饰、供奉、隔断和遮掩的功能。玄关柜对美化厅堂有着实用性的功效。

一些年轻人的家里，还会像国外那样直接安装开放式的玄关架。他们甚至会把鞋挂在墙面的架子上，这样的设计在节省玄关空间的同时，还能让衣服和鞋子保持通风透气，拿取时一目了然，同时用架子来代替柜子也能节省不少开销。

按照全家人的鞋子来设计鞋柜

玄关作为家的主要出入口，从实用性的角度来看，它的首要作用自然是收纳鞋子。这一点在日本的住宅设计中体现得尤为明显，对于日本的设计师来说，设计玄关需要非常仔细地考虑"如何脱鞋、鞋子放哪里"等问题，所以鞋柜就成了玄关里最重要的一个收纳家具。

可就算玄关有了鞋柜，还是会出现"一开家门地上全是鞋、鞋柜旁边堆满了鞋"这类情况，难道原因都是因为鞋子太多了？我们可以问下自己，会不会是因为鞋柜内部的设计不当？

 知识点

鞋柜层板的高度要按鞋跟高度来设计：

◆ 15cm用来收纳平底鞋 ◆ 20cm用来收纳普通高跟鞋
◆ 25cm用来收纳超高跟鞋 ◆ 拆掉活动层板来收纳高帮靴子

鞋柜的深度需要根据家人的鞋子长度来设计，约为33~35cm

1. 鞋柜层板的高度

首先我们来看看鞋柜内部的空间格局，相信大部分鞋柜里每个层板的高度都是统一且固定的，这样一来就可能会出现两个令人头疼的问题：

（1）鞋柜层板高度太高，鞋子放进去后，上面空出一大块，造成空间浪费。

（2）鞋柜层板高度太低，靴子等较高的鞋子放不进去，只能倒下横着摆放。

如果你的鞋柜出现了以上问题，那么鞋子在鞋柜外面满地都是也就不足为奇了。

层板高度太高或太低，都浪费空间

其实，鞋柜内部层板的高度取决于家庭成员鞋子的高度。我们可以将全家人所有的鞋子按照鞋子的高度、鞋子的种类，从低到高排序，并分成四大类：

A. 平底鞋：包括拖鞋、男士皮鞋、运动鞋、船鞋等；

B. 普通高跟鞋：包括高度低于20cm的普通高跟鞋和平跟的靴子等；

C. 超高跟鞋：包括高度高于20cm但不超过25cm的高跟鞋和短靴等；

D. 高帮靴子：包括高度超过25cm的靴子。

鞋子分好类后，我们就可以得知所有鞋子的最低高度和最高高度，以及不同种类鞋子的数量。在设计鞋柜的时候，就可以根据这些高度和数量来进行层板的规划。当然，每个家庭鞋子的数量和种类也会经常变化，建议鞋柜里的层板尽可能都设计成活动层板，这样就可以按照鞋子的高度灵活地调整层板的高度，打造一个多变的收纳空间。鞋柜里层板的初始高度可以按照现阶段鞋子的类别来设计。

建议：

　　A. 平底鞋为 15cm；

　　B. 普通高跟鞋为 20cm；

　　C. 超高跟鞋为 25cm；

　　D. 高帮靴子只需要根据靴子的高度拆掉其中一个或两个层板就好了。

　　值得注意的是，层板高度不要完全跟鞋子的高度一致，上方要空出 2~3cm 的空间，这样方便拿取，也能更好地保护鞋子。

2. 鞋柜的深度

鞋柜的深度需要根据鞋子的长度来设计。通常女鞋的基本长度是 25cm，而男鞋的基本长度是 32cm，建议鞋柜深度设计为 35cm，这样 45 码以内的鞋子就都可以放下。但如果不想鞋柜占用太多玄关面积，也可以把鞋柜的深度适当缩减至 33cm。

3. 鞋柜的抽屉

鞋柜也不是完全用于收纳鞋子的，我们可以在鞋柜上方设计两个抽屉，用于收纳钥匙、门禁卡、签收快递笔、拆包裹的小刀等小件日用品。

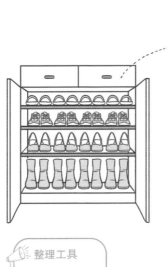

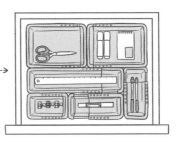

整理工具

可伸缩抽屉收纳盒

4. DIY 式鞋柜

对于一些喜欢买鞋甚至收藏鞋的年轻人，选择一些可组装的半透明鞋盒，根据自己的喜好，DIY 靠墙的鞋柜，所有的鞋子集中展示，效果也很好。当然，也可以利用这些鞋盒组合成各种形状，用于墙边、墙角等处的收纳和置物。

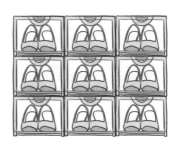

鞋子的收纳要区分男女

鞋子收纳的大前提要符合"四个是否"原则。

知识点

"四个是否"原则：

◆ 是否方便找到　　　◆ 是否方便拿取

◆ 是否方便还原　　　◆ 是否空间利用最大化

在这些原则的基础上，还有一些需要特别注意的地方。

（1）尽量把男女鞋分开收纳，相同高度和同类型的鞋摆放一起。

（2）摆放男鞋的时候鞋头朝内，摆放女鞋的时候鞋头朝外。这样做是因为男鞋的鞋头一般比较长，例如一些商务皮鞋之类，如果鞋头朝外放置，拿的时候手要伸到鞋柜深处，取出不方便。而女鞋的鞋头比较短，鞋头朝外取放方便，同时大多数女鞋的设计重点和款式区别都是鞋头，选鞋的时候也更加方便。

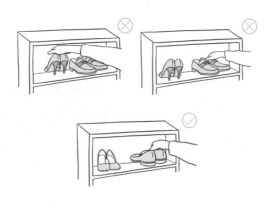

（3）将两只鞋一正一反交错摆放，这种方法尤其适用于高跟鞋，更能节省空间。

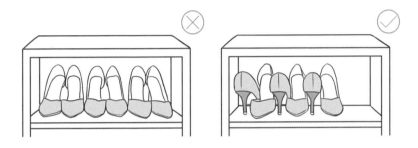

（4）深度较深的鞋柜，可以把两只鞋一前一后摆放，节省空间的同时一眼就能看到两双鞋，避免放在后面的鞋子被遮挡。

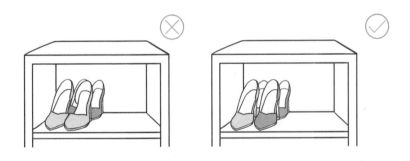

∥ 打造一个不易乱的客厅 ∥

　　客厅作为居家生活和社交宴客的主要活动场所，变乱实在是太容易了。对于客厅来说，永远不乱是不可能的，但我们可以通过一些方法，有意识地将客厅打造成一个即便再乱也能迅速归整完毕的地方。哪怕是孩子们在客厅玩闹、朋友聚会过后，也能从容面对，完全不需要花费过多时间，就能还原一个整洁漂亮的客厅。

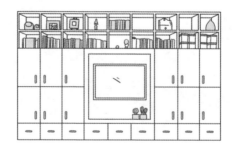

按照生活动线固定收纳位置

让客厅沦为杂物集中地的最主要原因，就是没有给物品安排一个固定的位置。

沙发堆满穿了一次还不想洗的外套和大衣，茶几上放满了小孩的玩具、零食、饮料、遥控器、钥匙，电视柜上也堆满了各种东西，打开抽屉，里面塞满了电器说明书、各种文件、药盒等，这些场景相信大家并不陌生。

其实只要客厅出现一两样"暂时放在这里"的东西，就等于给了自己和其他家庭成员一个特别危险的信号——以后也可以放在这里。如果抱着"等一下再整理"的心态，东西只会越来越多。

在做客厅整理收纳的时候，需要先给物品安排正确的存放位置，这个问题解决好，才能迅速提升效率。在考虑物品正确的存放位置时，需要根据自己的习惯来安排。

冬天穿的大衣、外套和外出携带的包包，一般人一进门就会自然而然地脱掉扔在沙发上，建议在进门的玄关处规划一个专门挂外套及包包的区域，这样大衣、外套和包包就不会占领客厅的沙发了。钥匙也是如此，可以在玄关处安装一个挂钩来专门挂放钥匙。

一个家庭一般有四五个遥控器，包括电视、空调、音响等。如果它们散落在各处，没有固定的位置，"找遥控器"就会经常发生。大家不妨准备一个专门放遥控器的收纳盒，好让家人都知道它们的"家"在哪里。如果家人都习惯一回到家就坐在沙发上看电视或听音乐，那么沙发的一角就可以规划成遥控器的最佳收纳地点。

　　在这里需要强调的是，在按照人的生活动线来规划物品的收纳位置时，需要提前跟家人沟通好，达成一致意见，依照大家的生活习惯去做规划，并且一旦确定好物品的指定收纳位置就不要轻易变动。

让台面实现"零杂物"

日常生活中常被用到的小物品，总会散落堆积在茶几或电视柜上？茶几和电视柜刚收拾完没几天又变成了凌乱的"重灾区"？我们可以试着从养成"物归原位"的习惯开始。

在本书的第3章第2节中提到，茶几的台面、电视柜的台面、餐桌的桌面等区域都不属于收纳区域，而是操作区域。例如，茶几的台面，是在主人招呼客人时，暂时用来放茶具和果盘的，而不是专门用来放杂物的，在一个堆满杂物的茶几上给客人泡一壶好茶，也会显得邋遢又笨拙。

想要让客厅显得清爽整洁，必须把客厅所有的台面"解放"出来，尽可能地让台面实现"零杂物"的理想状态。可以从以下几点着手。

1. 把茶几的收纳功能隐藏起来

茶几的面积基本都在 $2\sim3m^2$，差不多占据了客厅 1/10 的面积，下方的空间如果不被利用，实在是浪费。相对于开放式储物茶几，隐藏式储物茶几具有更强大的收纳功能，就算里面存放的物品各式各样，也不会影响整个家居环境的视觉效果，防尘的同时也能保持客厅整洁有序。

2.把茶几的收纳功能转移出去

在沙发附近设置一个矮柜来取代茶几的收纳功能，也是个不错的解决方法，但不可以离沙发太远，否则东西立刻又会在茶几四周堆积。很多家庭选择的矮柜都属于开放式的柜体，直接收纳物品看上去仍会比较杂乱，如果能匹配一些收纳篮或者收纳箱，就会看起来整洁很多。

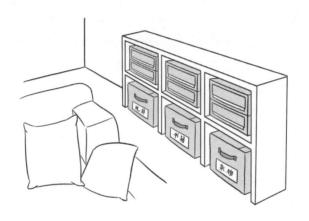

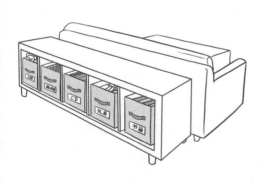

对于一些客厅比较大的家庭来说，沙发一般不会贴墙摆放，这个时候沙发背后的空间就会容易被忽略，如果添置一个沙发背柜，就可以让沙发背后不那么单调，还能增加收纳空间。同样需要注意的是，开放式的柜体如果直接收纳物品，看上去往往会比较杂乱，此时建议匹配使用收纳篮或者收纳箱，会整洁有序很多。

3. 增强电视柜的收纳能力

有一位知名住宅设计师的家里就设计了一个高 2.4m、宽 3.9m、深 0.35m 的超级大电视柜，容量有 3.3m^3，相当于 100 个 20 寸的可登机行李箱，这个电视柜收纳了全家六口人 70% 的公共物品。所以，拥有一个强大收纳能力的电视柜，就能时刻维持客厅的整洁。

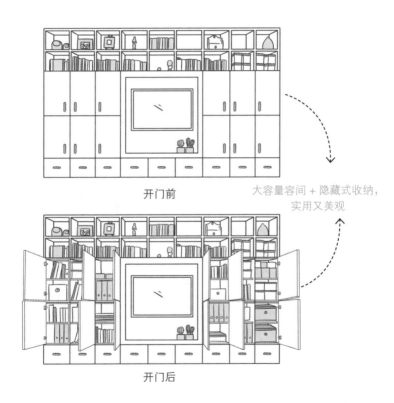

开门前

大容量容间 + 隐藏式收纳，实用又美观

开门后

抽屉自带分类功能和隐藏式储物功能，所以，我们可以给电视柜设计尽量多的抽屉，但千万不要把物品胡乱塞入抽屉，而是在每一个抽屉里只放入同一类的物品。

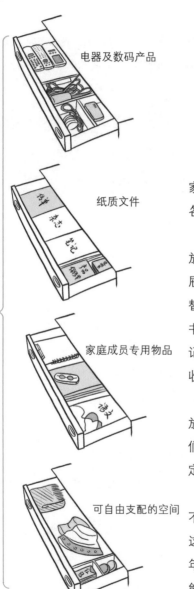

电器及数码产品

纸质文件

家庭成员专用物品

可自由支配的空间

（1）电器数码产品的空间。放置家里不常用的遥控器、充电宝、插座、各种数据线、电源线等。

（2）需要保管的纸质文件的空间。放置如产品保修单、发票等。这个抽屉需要经常整理，定期把没用的资料替换并处理掉，像一些产品使用说明书等，可以拍照或者下载一个印象笔记 App 扫描下来存入网络云盘分类收藏。

（3）家庭成员专用物品的空间。放置老公或是孩子的物品，可以让他们自己规划物品的存放位置，用后一定要放回原位。

（4）可自由支配的空间。当意想不到的物品有所增加又无处收纳时，这样一个空间就能发挥作用了。像过年的时候，物品数量会大幅增加，就能派上用场了。

4. 提升客厅墙面的收纳空间

无论是大户型还是小户型，无一例外都会在墙面上做文章，只是小户型的住户通常更注重实用性，大户型的住户则偏向美观性。

我们可以在墙面安装隔板或者是安装悬空的收纳柜来收纳物品。这其中，隔板更倾向展示，注重陈列美感，所以很多家庭会用来陈列一些装饰品，提升家里的艺术氛围。相比隔板，收纳柜才是真正的收纳区域，可以搭配体积适合的置物架，来更好地利用其空间。

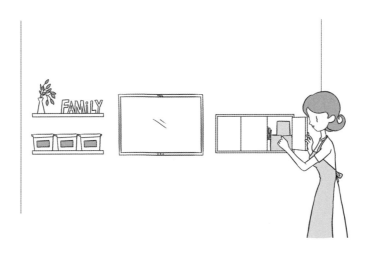

总的来说，客厅需要收纳的物品种类非常多，其中既有毫无美感的家庭日用品，也有代表生活品位的精美陈设。大家可以做一个简单的区分，凡是代表生活品位的物品，可以直接放在像隔板这样的开放式收纳空间里，而那些毫无美感的日用品，建议都隐藏收纳在柜子或抽屉等隐藏式收纳家具里。如果隐藏式收纳空间不够，可以再利用一些收纳箱、收纳篮（统一颜色、统一尺寸为佳）之类的收纳工具。

"看不见"的地方也要做好收纳

还记得在第 3 章第 1 节中提到的"干净的乱"吗？有的人家里客厅第一眼看似整洁清爽，但是打开电视柜的抽屉却发现里面一团糟。每当需要找某样东西的时候，看到乱七八糟塞得满满的抽屉，顿时头都大了，最终想找的还是没找到。

虽然抽屉自带分类功能和隐藏式储物功能，同时还能提升空间收纳能力，但也有很多人认为抽屉整理是最难的，主要是因为放在抽屉里的物品通常种类很多，并且日常频繁地被使用，需要反复地拿取和存放，如此一来，抽屉里就很难保证整齐有序。

其实，只要懂得整理的方法，抽屉也可以长时间保持整洁。

 知识点

抽屉的整理方法：

◆ 做好物品分类　◆ 给抽屉分区　◆ 物品垂直收纳
◆ 物品用完归位　◆ 抽屉不留空余位置

（1）做好物品分类，将同类的物品存放在一处，确定物品的收纳位置。

（2）利用分格工具帮助抽屉分区，根据物品的尺寸确定区域的大小。假如过一段时间发现开始乱了，就需要重新审视一下空间是否划分不合理，从而及时优化改进。

（3）抽屉里的物品尽量全部垂直收纳，确保抽屉打开后一眼就能看到所有物品，拿走任何一件，不影响其他物品的摆放。

（4）物品用完一定要放回原来的位置。

（5）就算东西不多，抽屉没满，也不要留空余位置。可以先放合适的空盒子，缝隙也要用笔记本、名片等塞好，以防止拉动抽屉时盒子移位。

在给抽屉内部作分区的时候，需要确保每一件物品都有自己固定的小空间。关于抽屉里的分格工具，可以直接去购买专业的分格盒或分隔板，也可以自己动手DIY，例如，各种牙膏盒、香皂盒、化妆品盒子等，盒子和盒子之间可以用双面胶固定起来。

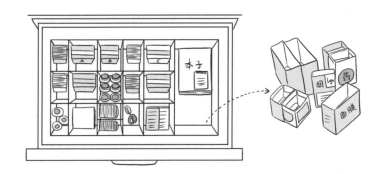

对于电视柜来说，最难以实现整齐有序的应该就是各种插排、电源线、音箱线等，当它们缠绕在一起，不仅不美观还会有安全隐患。建议用电线收纳盒，将电线统统收纳到一个盒子里，电视背后的混乱从此消失。

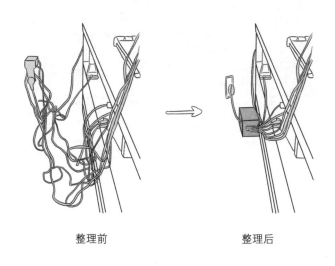

整理前   整理后

对于其他零散的电线，可以用收纳扎带捆扎在一起，再利用挂钩，让这些电线远离地板，打扫卫生时也不会有什么妨碍。如果担心电线过多难以分清的话，也可以在每根电线上贴上小标签。

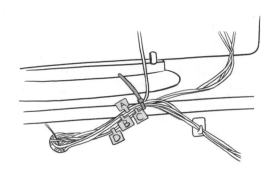

⫻ 给书房和手机减负 ⫻

书房又称家庭工作室，是作为阅读、写作以及业余学习、研究、工作的空间，它既承担了办公学习的功能，也是家庭生活的一部分。书房的双重性使其在家庭环境中处于独特的地位。

将书房分为三个区域

合理地安排书房的空间，不仅有利于日常学习和工作的开展，也有助于书房气流的通畅，提高运势。一般说来，对于面积足够的书房，通常划分为**工作区**、**休息区以及储物区**三大部分。这样，不仅可以使人工作和学习起来得心应手，也能使书房产生温馨舒适的感觉。

1. 阅读、书写、创作等功能的工作区

工作区应该处在相对安静独立、不易被打扰，而且采光较好的位置。这一区域主要由书桌组成，满足工作、读书、学习等需求。

2. 交流、讨论等功能的休息区

休息区因书房功能的不同而有所区别，同时也受书房面积的影响，这一区域主要由客椅、沙发组成。

3. 书刊、资料、文件、文具等物品存放的储物区

储物区主要满足书房的展示和收纳功能，是书房不可缺少的重要组成部分，一般以书柜或书橱为代表。

对于 8~15m² 的书房，储物区适合沿墙布置，工作区适合靠窗布置，休息区则占据余下的角落。对于 15m² 以上的大书房，布置的方式就灵活多了，可以划分出较大的休息区会客。

除此之外，在规划时还需要考虑一些"另类"的整理要点：

1. 空气整理

书房内的电子设备越来越多，如果房间内密不透风的话，机器散热会令空气变得污浊，影响身体健康。所以应保证书房的空气对流畅顺，有利于机器散热。摆放绿色植物，例如，万年青、文竹、吊兰，也可以达到净化空气的目的。

2. 温度整理

书房内摆放有电脑、书籍等，因此房间内的温度应该控制在 10~30℃。

3. 光线整理

书房采光可以采用直接照明或者半直接照明的方式，光线最好从左肩上端照射，一般可以在书桌前方放置亮度较高又不刺眼的台灯。

4. 色彩整理

书房的色彩一般不适宜过于耀目，但也不能过于昏暗。淡绿、浅棕、米白等柔和色调的色彩较为适合。但若从事需要刺激而产生创意的工作，不妨试试利用鲜艳的色彩来激发灵感。

总的来说，书房一般需保持相对的独立性，同时应该以最大程度方便我们的工作为出发点。

办公桌也需要分区整理

在对办公桌进行分区整理之前，需要对办公桌上的物品进行分类。

知识点

办公桌上的物品类别：

◆ 桌面类　　◆ 文具类　　◆ 文件类
◆ 高频阅读的书籍类　　◆ 生活用品类

（1）桌面类物品只适合放置在桌面。电脑显示器、鼠标、键盘、台灯等，是每日使用次数最多的物品，号称办公用品中的 VIP，请给予它们尊贵的待遇，优先安排位置，定位存放。

（2）文具类物品包括笔、本子、夹子、订书机、便利贴等，这类物品虽然体积不大，但种类繁多，推荐先分类放置在小收纳盒中，再放入抽屉。这样既能快速定位物品，也免去了每次拉开抽屉便移位的尴尬情景。

（3）文件类物品数量较多，存放的时间一旦太久，就容易失效。整理时请只保留需要永久留存和待办理的部分，分好类别后用资料袋和透明文件夹收纳。确定没用的文件马上处理掉；没有办法判定是否有用的文件，建议单独收纳在一起，然后按照月和年的频率定期整理。

（4）高频阅读的书籍类主要包括工作和学习时每天或每周都需要翻阅的书籍，可以利用书立或者文件筐，放置在桌面上进行收纳，数量尽可能控制在 10 本以内。那些非高频阅读的书籍，比如自己闲暇时阅读的书籍，建议收纳在储物区的书架上。

（5）生活用品类物品虽然与工作无关，却是保证工作舒适度的必备之物，像小绿植、茶杯、零食、饮品冲剂、小毛毯等，收纳时需要按吃的和用的分类收纳。

完成分类之后，就要决定它们的归属了。是丢弃还是留下？留下的话，应该放在什么地方？接下来对它们进行分区域整理。

1. 桌面

一般来说，桌面只需保留当下工作需要用到的物品，其余的一件不放。

已经告一段落的工作、已经过期的文件、电脑中已有备份的纸质版文件、一年以上没有用过甚至已遗忘的资料……这些都是可以丢掉的。

桌面如果要放置资料夹，一个就够了，专门用来收纳近期高频使用的纸质资料或文件。

将桌面类物品固定好位置后，还需要进行左右分区。对于右手习惯者，可以把小绿植、水杯等放在左边，不会妨碍工作，也不会失手打翻；笔筒、资料夹可以放在桌面的右手边，方便一抬手就能拿到。对于左手习惯者，反之即可。

2. 抽屉

千万不要把抽屉当成隐形垃圾桶。抽屉里的文具等尽量垂直收纳，因为一旦堆叠摆放，要查找或取用下层的文具，就要移动上层，容易翻乱，并且时间久了就会遗忘下层文具的存在。

建议利用抽屉分隔板或伸缩收纳盒等抽屉分格工具，尽量给每一类文具都划分出一个合适的空间，让我们随时掌握抽屉里到底有什么，不至于忘到九霄云外。

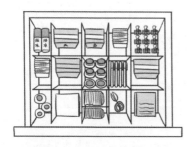

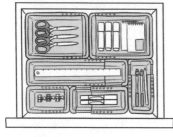

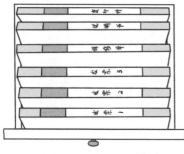

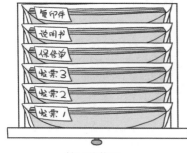

抽屉的整理

抽屉的收纳也有讲究。一般书桌有三层抽屉，可以把最上层抽屉用来存放基本每天都会使用的文具，中层抽屉和下层抽屉可以存放不经常使用的物品或文件。越靠下方的抽屉，存放的物品使用频率越低。

单个抽屉的内部，也要按使用频率划分。将抽屉分成靠外段、中间段和靠里段三部分，靠外段是最靠近抽屉拉手的地方，这里放的物品使用频率最高，中间段次之，靠里段最低。

办公桌的抽屉一般是"N 个浅 +1个深"的组合，如果是浅格子的抽屉，主要用来收纳一些常用文具，我们需要为其搭配分格盒，将它们独立管理。对于深格子的抽屉，我们可以用来收纳文件类物品，将所有文件分类收纳在 A4文件夹或文件袋中，并给文件夹标注好标签，横置后垂直收纳在抽屉里。这样的方法不仅能存入更多的文件，标签朝上的方式还可以让我们更快地检索到要找的文件。在文件不多的情况下，深格子的抽屉也可以用来存放一些生活用品，收纳的时候要注意吃的和用的分隔开。

3. 桌底

桌底的区域，尽量不要用来收纳物品。如果保留用来"临时"装东西的纸箱、纸盒，只会越积越多，侵占有限的办公空间。桌底如有垃圾桶，建议每天清理一次，以保证办公区域空气清新。

桌面

桌底

抽屉

别把书柜当成"藏书阁"

书房储藏区最大的收纳空间就是书柜，而书柜里储藏最多的物品就是书籍。面对空间有限的书柜，我们应该如何整理呢？

首先，我们可以按照阅读书籍的目的，将书大致分成四大类：

> **知识点**
>
> 书籍的四大类别：
>
> ◆ 娱乐类　　◆ 学习类　　◆ 了解类　　◆ 收藏类

（1）阅读娱乐类书籍只是为了让自己放松、愉悦。

（2）阅读学习类书籍是为了学习知识、学习技能。

（3）阅读了解类书籍不是为了掌握里面的知识，也不是为了愉悦自己，只是因为以前没有接触过，有好奇心，想要了解一下。

（4）收藏类书籍指的是在前面三类书当中，有一些你阅读过后觉得特别喜欢，觉得对自己有着特殊意义的书，希望能将它保留下来并珍藏起来。

将书籍分类后，我们就可以把其中那些不喜欢的、那些读过一次从此不再读的，还有那些尝试了无数次就是读不下去的书，果断地处理掉。娱乐类的书籍大多收藏价值不高，建议看完后及时处理掉，不要囤积。对于学习类和了解类的书籍，已经读过的尤其是学生时代的一些教材，也请干脆地处理掉（有特殊意义或现在用得上的例外）。

在上述分类中，学习类和了解类书籍通常是数量占比最多的两类，如果它们中有很多都是没有读完的，会很容易导致数量越积越多。这时，我们需要检查学习方法是否正确，检验学习效率是否高效，不要产生"通过买书来证明自己学习能力和知识储备"的现象，试着重新梳理一下自己的知识图谱，了解哪些书对自己真正有用。

划分好类别，清理完一些书籍后，接下来我们要做的是把每个类别的书籍根据其数量在书架上划分出各自的收纳区域。摆放时也可以根据书籍的尺寸来灵活调整书架层板的高度。除此之外，我们还可以在每个大类下面再做二次分类，例如按照书的作者、书名的首字母或者阅读情况来摆放。

"低头族"的锦囊

随着移动互联网的迅猛发展，人们的生活似乎已经完全离不开手机，"低头族"随处可见。尤其是在使用智能手机时，需要我们更加频繁地在娱乐和办公之间切换，因此，手机的整理显得更为重要。我们可以从这几个方面入手：

1. App 的卸载和分类

手机中一定会存在使用率低、可以卸载的 App。扔掉家里的物品我们可能再也找不回来了，但软件卸载后还可以再下载，所以没必要占用手机空间、手机桌面。如果手机里有符合以下条件的 App，请大家果断卸载：

（1）具有相同或相似功能的 App，考虑只保留最常用的 1~2 个。

（2）半年都用不上一次的 App，直接卸载。

（3）如果是手机自带的 App，无用的也可以直接卸载。

（4）已经在常用 App 中嵌入了相关功能的 App。例如，微信里有美团的小程序，那么美团 App 就可以卸载了。

卸载完没用的 App 后，我们就要为保留下来的 App 分类，让其变得易于查找。

 知识点

App的分类步骤：
- ◆ 功能性质相同的App放到同一个文件夹
- ◆ 按照文件夹的重要等级摆放
- ◆ App要按照使用频率摆放

（1）先在手机上创建不同功能性质的 App 文件夹，如工作类、游戏类、新闻类、音乐类、理财类、健身类等，将相同功能性质的 App 放在同一个文件夹内。

（2）将文件夹根据生活习惯，分为"重要、一般、不重要"三个等级，把重要的文件夹放在前面。例如，这段时间正在健身准备跑马拉松，那么健身类文件夹就应该摆放在靠前的位置。

（3）把 App 按照使用频率从高到低分为四个等级：

第一等级：每天使用 8 次以上；

第二等级：每天都会使用至少 1 次；

第三等级：每周都会使用至少 1 次；

第四等级：1 个月甚至 1 个月以上才会使用 1 次。

第一等级的 App 可以单独摆放在手机界面的最下方一排，单手持手机时也能轻松点开使用。其余等级的 App，则按照各自的使用频率，从高到低放在对应功能的文件夹里。

也有些人喜欢按颜色分类，例如第一屏放红色的，第二屏放蓝色的，第三屏放绿色的，或者将相同颜色的 App 放在同一个文件夹里。他们觉得这样看起来更加清爽有序，但是每当 App 更新图标，颜色变了，就会变得很杂乱，需要重新调整一遍。因此，从使用便利性的角度上，我们不提倡按照颜色来分类。

2. 清理手机缓存

手机卸载 App 后，仍然有一些缓存和使用记录数据残留，可以使用一些手机清理工具将已卸载 App 的安装文件和缓存等都清理干净。对于正在使用的 App，可以使用其自身携带的缓存清理功能（一般在设置里），根据手机的剩余存储情况，定期清理相应的缓存。

3. 清理 App 通知提示

手机 App 经常会自动发送各种通知，大多数通知是无用的广告，每发送一次就会打断自己正在做的事情。如果不点击查看，App 的右上角还会有红色的圆圈数字不断地累积提示，给人产生"很多事情还没有处理"的心理压力。我们建议关闭大部分 App 的推送通知，根据自己的使

用习惯，只保留几个必要的，例如电话、邮件、短信、日历提醒、
微信等。

4. 微信的整理

作为被普遍使用的即时通信工具，微信早就已经模糊了工作和
生活的界限，每天都会让我们接收到大量的信息，因此，关于微信
的整理需要我们格外关注。

知识点

微信信息的整理方法：

◆ 删掉看不过来的公众号　◆ 删除动辄上千条留言的微信群
◆ 重要信息学会分类收藏　◆ 大量信息设置快速回复
◆ 养成备注和清理微信好友的习惯

（1）有些人会在不知不觉中关注了上百个公众号，根本看不
过来。每个人每天的精力是有限的，与其强迫自己去查阅海量的信
息，还不如对公众号做一下整理，只留精华。

（2）如果发现一个群里动辄上百条未读信息，自己在这个群里既不能认识新朋友，也不会使自己开心，建议退出该群。

（3）平日里看到好的推文或图片，我们习惯在微信里收藏起来，等到要看、要用的时候，却发现找起来是在"大海捞针"。尽管微信本身自带了"文件、音乐、语音"等格式分类的链接，但查找起来还是很不方便。建议养成给这些收藏的信息贴上分类标签的习惯，不仅查找容易，也方便日后做同类信息的整理。

（4）在回复微信的信息时，我们也可以根据不同的类型采用不同的回复方式。

A.在1分钟内可以回复的信息，可以直接回复。如需要文字回复，又不方便手动输入，可以利用一些输入法自带的语音识别功能，将语音转换成文字输入；

B.如果有大量待处理的信息，可以登录微信网页版，批量回复处理；

C.如果一时间不太清楚该怎么回复或目前没时间回复的信息，可先标为未读，迟些再打开手机继续处理；

D.对于经常会遇到的问题或需要填写的内容，比如快递地址、公司业务介绍等，可以提前编辑好，再收藏起来。等遇到这样的留言时，就可以快速回复。

（5）建议养成备注微信好友名字和身份的习惯，这样就不会出现对方换了头像或昵称就不认识了的尴尬情况。如果是两年内都没有交流过一次的微信好友，建议删除。

知识点

手机照片的整理步骤：

◆ 筛选　　◆ 导入电脑　　◆ 分类
◆ 上传云盘　◆ 手机同步　◆ 定期整理

5. 手机照片和视频的整理

手机存储空间占比最大的就是照片和视频了，所以需要定期将手机里的照片和视频分类备份。以手机里的照片整理为例。

（1）打开手机相册，一张张翻阅照片，将那些不喜欢的、质量不佳的、类似重复的照片删除。也可以在相册列表视图右上角点击"选择"，一次性选中多张照片，批量删除。

（2）剩下的照片可以导入电脑，释放出手机的存储空间。

（3）在电脑上进行照片的分类。分类方法有很多，有人喜欢按时间分类，有人喜欢按人物分类，也有人喜欢按地点分类。无论用哪种方式，只要能快速找到照片，这种方式就是适合的。目前普遍的一种照片分类方法是先按照片的用途进行分类，分成如学习类、证件类、纪念类等。接着，对于数量较多的类别进一步做细分，比如纪念类可以再细分为旅游类、艺术照类、毕业照类等。按照这样一层层往下细分的方式，我们还可以在细分时加上时间、地点或事件，比如旅游类再细分成"2018 年 1 月东京""2018 年 6 月圣彼得堡"等。

（4）将照片分好类别以后，就可以同步上传到云盘了，从而就可以释放电脑的存储空间。不过，建议将非常重要的照片（比如身份证照片、银行卡照片、房产证照片等）在云盘、电脑或移动硬盘里加密存储，同时多选择一种方式备份。

（5）如果是备份在云盘，这时可以在手机上下载对应的云盘 App，方便在需要时随时下载或预览照片。

（6）养成定期整理手机照片的习惯。对于喜欢拍照的朋友，建议按照以上步骤每个月至少整理一次。

经过前面 5 项关于手机的整理后，我们已经初步建立了一个良好的手机使用秩序。不过，一定要记得养成维持这种秩序的习惯，这样以后每次打开手机都会让自己觉得思绪清晰明朗，用手机处理各种信息也会变得更加高效。

/// 精致女人的梳妆台整理 ///

对于女生的房间来说，如果最乱的是衣橱，第二名一定非梳妆台莫属了。我们越来越美，别让梳妆台越来越邋遢。

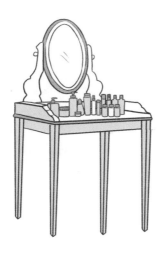

挑梳妆台不仅要好看

很多女性朋友在选择梳妆台时唯一标准就是颜值。但很多梳妆台却是中看不中用的。一个好用的梳妆台除了好看之外，它还需要具备四个重要因素。

 知识点

好用的梳妆台必备四大因素：

◆ 具备收纳空间　　　　　　　◆ 保留操作空间
◆ 人脸到镜子的距离≤40厘米　◆ 光线适宜

1. 收纳空间

如果自己控制不好护肤品和化妆品的数量，不能做到在保质期内物尽其用，也不能保证每一件都是适合自己肤色、脸型或是化妆技术的，那么在选择梳妆台的时候就一定要考虑它的收纳空间，优先选择一个能"装"的梳妆台，有各种用于收纳的抽屉和柜子，尤其是抽屉，这一点非常重要。

2. 操作空间

梳妆台的台面空间属于操作空间，不属于收纳空间。对于每天都护肤化妆的女生来说，千万不要把梳妆台的台面变成收纳空间，用来堆放各种瓶瓶罐罐，只留下一点点位置用于化妆。这样的后果就是，每次化完妆，梳妆台就如同经历了一场惨烈的战役，各种化妆品"横尸遍野"，惨不忍睹。试着将梳妆台台面划分出 20% 的空间，用来收纳那些日常妆容会用到的护肤品和化妆品，把剩余 80% 的位置都留给我们自己化妆时使用。

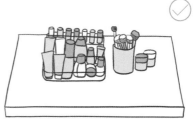

3. 人脸到镜子的距离

梳妆台镜子的距离设计也是非常重要的，在这里给大家一个数据做参考。一般选择梳妆台的时候，建议人脸到镜子的距离控制在 40cm 以内，这样才能直接看清面部细节，给自己化一个美丽的妆容。

4. 要考虑光线

经常化妆的女生们一定经历过这样的情况，明明自己在房间灯光下的妆容看上去很美，可是一到自然光线下就不忍直视，不是粉底擦得不均匀，就是眼线没有填满，或者腮红、鼻影和侧影抹得太夸张，整张脸成了京剧脸谱似的。其实这都是光线的问题，因为屋内的光线不够亮，或是灯的色调不对。

其实化妆时优先选择自然光，我们可以试着把梳妆台对着窗户，当然这个时候就要利用一些可移动的化妆镜，放置在既有自然光又能看清自己面部的位置。也可以通过选择一些专业的化妆灯来解决光线的问题。

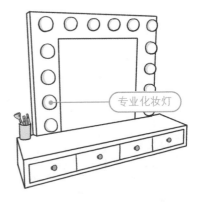

专业化妆灯

理清了美妆产品，就成功了一半

在开始做美妆产品分类之前，需要先把梳妆台清空，将所有的美妆产品进行分类，每一件都要打开仔细检查。

 知识点

梳妆台的物品类别：

◆ 过期的　◆ 不合适的　◆ 待定的

◆ 不该放在这里的　◆ 需要保留的

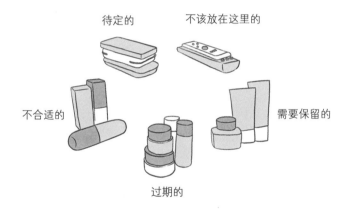

待定的　　　　　不该放在这里的

不合适的　　　　　　　　　　　　需要保留的

过期的

（1）将那些过期的、变质的、破损的、保质期不明的毫不犹豫地扔掉。

（2）找到那些长时间没用过的、不适合自己的，赶紧处理掉并且提醒自己不再购买。

（3）一些用得比较少、自己却比较喜欢、舍不得处理掉的，请留意保质期并且给它们一个使用期限。如果在这个期限内还是用不完，就可以处理掉了，并且提醒自己下次要少买或者不买。

（4）一些被我们随手乱放而不该出现在梳妆台上的物品，请将它们物归原位。

（5）处理完以上四种，剩下的那些，就需要我们保留下来并集中收纳，可进一步再做一次细分，可分为五大类：护肤品类、化妆品类、化妆工具类、饰品类和味道类。

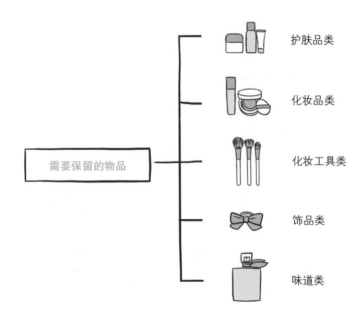

也可以按照它们不同的外观形状再次分类，这么做是为了便于选择后面的收纳位置及工具。

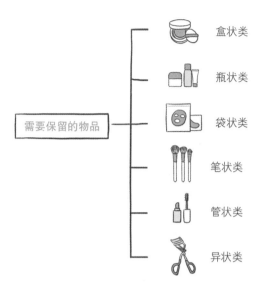

需要保留的物品
- 盒状类
- 瓶状类
- 袋状类
- 笔状类
- 管状类
- 异状类

（1）饰品类通常放在一些小盒子里，它跟眼影、腮红、粉饼等一样，都属于盒状类。

（2）各种水乳霜或者香薰、精油、香水，它们属于瓶状类。

（3）面膜、眼膜、鼻膜属于袋状类。

（4）眼影刷、腮红刷、散粉刷属于笔状类。

（5）口红、睫毛膏等属于管状类。

（6）睫毛夹、眉剪、眉镊，这些化妆工具属于异状类。

当梳妆台上的物品按这六大形状清晰分类后，我们就能清楚地知道它们各自该如何收纳了。

 知识点

梳妆台的物品类别对应的收纳工具：

◆ 盒状类——抽屉式收纳工具
◆ 袋状类——抽屉式收纳工具
◆ 瓶状类——盘式/筐式收纳工具
◆ 笔状类——笔筒式收纳工具
◆ 异状类——笔筒式/抽屉式收纳工具

梳妆台一定要用收纳工具

　　抽屉是梳妆台内特别好的收纳工具，使用时，我们需要将梳妆台的抽屉进行分格。可以利用一些分格工具将抽屉划分成一个个小空间，用来收纳同类的化妆品。如果梳妆台抽屉的高度较低，就用来收纳一些体积比较小的盒状、笔状、管状类物品；如果梳妆台抽屉的高度较高，还可以收纳一些体积较大的护肤品，如瓶状物品。

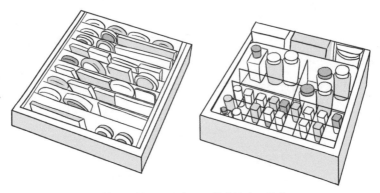

根据梳妆台抽屉的高度，分格收纳合适的物品

　　有些梳妆台的下方会设计1~2个比较大的柜子，通常情况下会被用来放置一些瓶装类物品，但柜子里上方的空间基本都没用上。可以选择跟柜子高度和深度比较匹配的多层收纳筐或收纳架，把一些使用频次不高或者储存备用的化妆品或护肤品分类收纳好，这样一来就能极大地提升梳妆台柜子的空间利用率了。

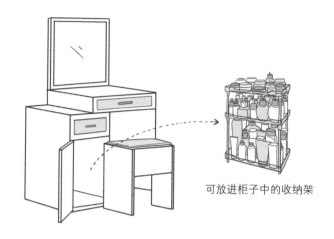

可放进柜子中的收纳架

　　如果梳妆台收纳空间实在不够，还可以利用梳妆台旁边的墙面，让放不下的物品上墙。在墙面安装 1~2 块收纳板，或者在墙上打造一个可折叠延伸的壁柜，将没有办法收纳在梳妆台里的化妆品分类放好。

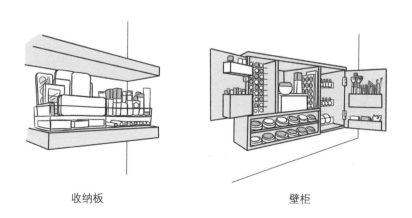

收纳板　　　　　　　　　　　　　壁柜

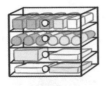

抽屉式

笔筒式

盘式

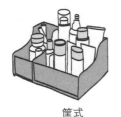

筐式

对于一些每天都需要化妆护肤的人来说，如果所有东西都放在抽屉和柜子里，使用起来就会不太方便。可以通过一些台面收纳工具（包含抽屉式、笔筒式、盘式和筐式四种）充分利用好 20% 的台面空间。需要注意的是，抽屉式收纳工具主要用来收纳管状、盒状、袋状和异状物品，笔筒式收纳工具主要用来收纳笔状和异状物品，而盘式和筐式收纳工具主要用来收纳瓶状物品。

在收纳物品时，也可以做一些收纳工具的垂直组合，这样能更少地占用梳妆台的台面面积。在选用收纳工具时，还要尽量统一颜色和质地，选择透明或半透明的收纳工具，会让我们方便地找到物品。

/// 摆脱浴室杂物的"打扰" ///

浴室能帮助我们褪去一整天忙碌后的疲惫，泡沫、香薰、蜡烛、舒缓的音乐……多么美妙愉悦的画面。然而一打开浴室门，映入眼帘的却是各种洁面乳、牙膏、牙刷、吹风筒、护肤品等堆放在洗手盆附近，其他地方也被大瓶小罐、清洁用具堆放得乱七八糟。如何才能让浴室变得井然有序、整洁清爽呢？

善用浴室置物架

很多人整理浴室的时候，只是将浴室里的瓶瓶罐罐整齐地摆在洗脸台台面上，但是随着物品数量的增加，会导致浴室的操作区被占用，拿取物品时，瓶瓶罐罐不小心被打翻或洒落的风险越来越大。这时候，将平面的空间改变为垂直的空间尤为重要，最典型的例子就是利用落地式的多层置物架或是台面多层收纳架，对物品进行分类垂直收纳。

马桶上方的收纳空间经常会被忽略，可以利用一体式马桶置物架将这块空间利用起来。

浴室或浴缸角落的空间，也可以利用这样的墙角置物架提升收纳能力。

需要强调的是，开放式置物架适合没有浴室柜的家庭，一定要做好干湿分离和防尘防潮。同时，因为全部展露在外，如果放在置物架上的浴室用品外包装颜色特别多，建议将它们分类收纳在收纳篮或收纳筐中，再将收纳篮或收纳筐整齐地摆放在置物架上，这样浴室会显得更加整洁有序。

多利用墙面的空间

　　墙面收纳也是浴室最常见、最高效的收纳方法之一，将物品分类有序地收纳在浴室的墙面上，可以增加生活的美感。

1. 层板

　　层板是墙面常用的收纳工具，不仅是浴室，家中的很多空间都用得到，但在浴室里使用时一定要做好干湿分离。下方的层板收纳使用频率较高的物品，方便拿取。为了减少颜色带来的干扰，建议层板架与马桶、洗漱台尽量统一颜色，让浴室显得更加清爽。浴缸的上方也可以安装层板来增加浴室的收纳空间。

2. 镜柜

在墙面安装镜子，应该是所有浴室的标配。可以将镜子与吊柜合二为一，打造一个镜柜，将不需要展示出来的物品收纳在镜子后面，提升浴室的收纳能力，节省空间。同时，因为镜子的关系也会让浴室从视觉上显得更加明亮宽敞。

很多人家里都会在浴室的洗漱台上方安装常规款式的镜柜，但是镜子里或是镜子侧边的隔层在实际使用过程中并不好用，最大的问题是里层的物品拿取不方便，隔层之间的空间浪费也比较严重。

侧拉款式的镜柜相比常规款更节省空间，也能提升镜柜的空间利用率，更重要的是其中收纳的物品一目了然，方便拿取和还原。

还可以利用洗漱台旁边的墙面空间设计一个全身镜柜。这样一来，浴室的储藏空间就更大了。

3.收纳格

在浴室的墙面安装收纳格，比起用吸盘收纳盒，收纳格承重力更强，可以储存的物品类型更多。建议将物品以类型及使用人分类，然后分格收纳。收纳格安装在随手可拿的位置，用来收纳高频使用的物品。

别忘了浴室门和柜门后的空间

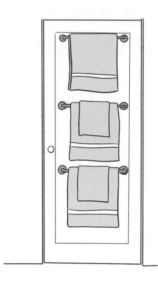

浴室的门后也是一个不错的收纳空间，安装挂钩或者毛巾架后，可以收纳经常使用的毛巾或浴巾。

除此之外，洗漱台下的柜门后也可以利用一些挂钩或者挂袋分类收纳物品。

柜子和抽屉是绝佳搭档

　　洗漱台的柜子在浴室中起到了重要的收纳作用。将柜子设计成抽屉式，可以让柜体的收纳功能更强大。

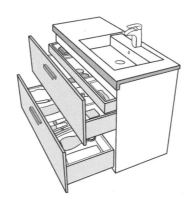

　　将各种洗护用品以及常用的小件生活用品，按照属性分类收纳在抽屉分格盒里，尽量让洗漱台面"空无一物"，这样的洗漱台才更加利于我们洗手、洁面等日常活动。

读后实践

无论是玄关、客厅、书房，还是梳妆台或浴室，抽屉都是其中的
重灾区，接下来，我们就从整理家中最乱的那个抽屉开始——

1. 把抽屉里所有的物品拿出来做好分类
2. 选择尺寸合适的抽屉收纳盒或者DIY抽屉收纳盒
3. 把收纳盒放入抽屉里，重新划分抽屉里的空间
4. 将物品分类放入不同的收纳盒中
5. 拍下整理后的照片分享给自己的家人
6. 跟家人约定好，养成物归原位的好习惯

欲望太强，
东西太多，
房子太小。
我们需要用整理实现它们之间的平衡。

无论是又脏又乱的玄关，
还是沦为杂物集中营的客厅，
无论是书籍文件乱放的书房，

还是内存不够让人焦虑的手机，
无论是堆满瓶瓶罐罐的梳妆台，
还是混乱潮湿的浴室。
只要掌握了正确的整理收纳方法，
善用合理的整理收纳工具，
就能让生活从此变得轻松舒适。
整理生活，
也是整理自己。

世界那么大，如何去看看

有人说，人的一生至少要有两次冲动，
一场奋不顾身的爱情，
一次说走就走的旅行。
旅行最大的意义，
是勇敢地跨出舒适区，
去体验一种全新的生活，
发现一个更好的自己。

然而，
如果过于随意，背上行囊就出发，
也很可能在旅途中被折磨得精疲力竭。
不仅无法找到更好的自己，
还会让旅行变成一件麻烦事。

世界那么大，我们都想去看看，
行李那么多，我们如何去看看？

08

/// 说走就走可以很容易 ///

我们幻想一场说走就走的旅行，不管如何出发、相信何时出发，都会有意想不到的收获。调整好心态、挑选出必备物件、背上合适的行囊，此时的"说走就走"，遇见的必定是一份满载而归的喜悦。

别让自己陷入旅途囧事中

一提到旅行，很多人马上能想到的就是——对比多个订票软件订个特价机票，抢到限时优惠的星级酒店，做攻略看看有哪些网红打卡地，以及把尽可能多的行李塞进行李箱。对于他们而言，把这些事情做好了，旅行就万无一失了。但事实往往没有那么简单，旅行中总会发生各种囧事，或尴尬或烦心。

1. 带了太多衣服

英国一家连锁酒店调查表明，长途旅行结束时，2/3 的人至少有 6 套衣服从没穿过，沉甸甸的行李箱将成为旅途中最大的累赘。

2. 忘记带护照或身份证

出门旅行，无论是坐飞机还是住酒店，都要用到身份证或护照，如果临行前没有仔细检查，就只能灰溜溜地回家了。

3. 找不到预订的酒店

来到陌生的城市，分不清东南西北，事先没有准备好酒店的电话、门牌号（尤其是民宿），疲惫的自己不知道如何才能顺利地找到酒店。

4. 买了太多东西

旅途中看到什么都想买，回程时发现已经塞不进行李箱了，只能又购买了新的背包或行李箱带回家，然后发现家里的背包和行李箱越来越多。

5. 洗护用品没有密封好

洗护用品，包括各种彩妆，可是女生旅行的必备之物，然而出发前没有密封好就随意塞进行李箱。旅行中一路颠簸挤压，导致行李箱的其他物品全都被弄脏。弄脏衣服还能洗，可弄坏了电子产品真是会崩溃。

其实造成这些囧事的根本原因，就是没有做好基本的旅行整理。真正的旅行整理应该是建立一套旅行秩序，这套秩序是建立在"自己""这次旅行需要带上的物品"和"这次旅行需要准备的行李箱"，也就是"人、物、空间"这三者之间的。想要来一场说走就走的旅行，就需要这三者之间的平衡。

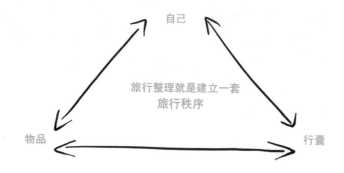

旅行中需要"敞开心扉"

对于旅行中"人"的这个维度，我们认为心态是非常重要的。旅行当中的人，我们常见的有三种状态。

1. 走马观花的"拍照型旅行"

这种人通常上车就睡觉，下车就吃饭，见到景点就拍照，回家之后什么也不知道。

2. 嵌套理解的"标签型旅行"

这种人喜欢用一些知识点或自己的理解嵌套在景点里，给每个景点贴上标签，可能有所收获，但却无法获得真实的感受。

3. 心态开放的"融入型旅行"

这种人喜欢全身心地待在一个地方，把自己当成当地人一样，用心去感受那里的生活。

这三种心态，无论是哪一种，都会给旅行带来不一样的状态和收获。因为人们旅行的目的不同，有人把它当成一种放松的方式，有人把它当成一种学习的过程。

不过，即便是缜密筹备后的旅行，也会有突发情况——听不懂带有地方口音的语言，尝不惯当地的特殊风味，因公交车故障延误了下一趟行程，突如其来的病痛让自己提前结束旅途……除了通过提前准备将风险降低到最小，遇到这些"坏事"，还需要及时调整自己的心态来应对。

同时，要给自己的旅行留有足够的时间。行程如果安排得太紧，旅行就变成了考场踩点，严重降低愉悦程度。当旅行中出现剩余时间不够逛完攻略地点的情况时，要学会果断舍弃部分计划。千万不要走马观花地"到此一游"，只获得一种"一天逛完一座城"的虚幻成就。旅行中也可以适当地留白，留一点"遗憾"，作为下一次的想念。

正如余光中所说过的，旅行的意义并不是告诉别人"这里我来过"，而是一种改变。旅行会加深我们对自己、对当下生活的认知。面对旅行中遇到的各种问题，我们需要敞开自己的心扉，打开双臂欣然接受旅途中所有的差异。在旅途中，我们能体验到生活的多样化，能感受到幸福的多元化，尽管有些人不是按照自己喜欢的方式在生活，但也都拥有生活中的喜怒哀乐、酸甜苦辣。这时，我们会变得更加具有包容心，也会以更好的心态去面对自己的生活。

行李数量要遵循"七天法则"

　　旅行整理当中"物品"这个维度，往往是最让人头疼的。在问答类平台上，搜索"旅行需要带多少东西"，我们能发现超过1000万条的问答记录，由此可见有很多人对于"旅行需要带哪些物品、带多少物品"是比较迷茫的。在这种情况下，大多数人的解决方案就是尽可能多带，最终浪费了太多精力、体力在自己的物品上，而忽略了旅行的目的，忽视了沿途的风景。

　　那么，去旅行到底需要带多少东西呢？

　　在回答这个问题之前，我们要先明确一个很重要的观点——旅行≠搬家。因此，我们在考虑带多少物品、带哪些物品的时候，只需要考虑旅行中必备的物品即可。

一般来说，我们出差或短途旅行，两三天的话，都很清楚带多少物品。但一旦时间超过一周，就会反复确认需要带的物品，生怕没带够。

其实，一周及以上的旅行，可以按照"周"为最小单位来划分，15天、30天甚至更长时间，无外乎是"周"而复始。因此，只要带够一周内需要用到的物品，并不断地做好调配，就可以满足大部分的旅行物品需求，这个理论我们称之为旅行的"七天物品法则"。

当然，有些旅行的时间很长，会经历春夏秋冬的季节交替，或是晴雾雨雪等天气变化，我们要做的是适当增加物品的种类，来应对这些变化。

拿旅行中的衣物来说，一般情况下，带够七天的衣服，作为一个周期进行换洗是足够的。如果在较为炎热的地区出游，7身内衣裤、7双袜子、7件T恤和7条裙子（短裤）都是必备品。考虑到天气的冷热变化，长裤、长袖要准备两三件，温差大的话厚外套也要备上一件。另外，至少还需要带一双方便走路的运动鞋，一双便于摆拍的高跟鞋，以及一双能让自己放松的拖鞋。

在满足"七天物品法则"的情况下，我们还可以考虑衣服、鞋子搭配的多样性，在旅途中，尝试打造一个自己的"旅行胶囊衣橱"，用有限的单品组合出不同的搭配，让自己在旅途中享受不重样的美丽。

第一周　　　　　　　第二周

第三周　　　　　　　第四周

打造旅行中的胶囊衣橱

　　当然，对于一些背包客来说，可能一直处在旅途中，他们携带的物品可能更加精简，甚至不需要满足 7 天的需求。这是因为，他们已经具备向周边环境索取资源（食物、衣服、生活用品，甚至是居住场所）的能力。否则，常年的旅途，超重的行囊一定会使他们身心俱惫。

　　每一位旅行者都需要学会给自己的行囊做减法。其实，在旅途中实际用到的物品并不多，哪些是必须带上、真正用得上的物品，我们会在后面的章节中为大家做详细讲解。

挑一个"完美"的行囊

旅行中始终少不了的就是行囊。那么，在旅行前，到底是选择"行"（行李箱）还是选择"囊"（背包）呢？排除掉个人喜好及行李数量的因素，我们所选择的目的地将会帮助我们给出答案。

如果出行时，大部分行李都需要随时随身携带，且时间不太长，背包会比行李箱更容易让人行动自如。

反过来，如果只有少部分行李需要随时随身携带，并且有一个相对固定的休息点（比如酒店），并以酒店为中心做一天或数天的活动，那么行李箱应该会更方便。

那么，选择背包或行李箱又有什么技巧呢？

背包建议尽量选择超轻、耐磨、防水且耐折腾的户外旅行背包。背包并不是越大越好，舒适够用且外观自己喜欢就可以。一般而言，30~40L 的容量作为 15 天的城市旅行足够了。户外长途旅行因为要放帐篷、睡袋、防潮垫等，一般选择 45~60L 的容量。

在背包开口设计的选择上，我们推荐三面有拉链、打开后类似行李箱的开口设计。原因很简单，这种开口设计的背包对比常

规的上方开口设计的背包，在装行李的时候能够直观地看到所有空间，更方便我们使用，同时做垂直收纳、找取物品的时候也更容易。

在行李箱的选择上，一个颜值与质量兼备的行李箱，既能成为最佳的收纳助手，还能随时随地被我们用来凹各种时尚造型。

具体选择时要留意以下几点。

1. 材质

有过一次不堪重负、举步维艰的体验，你就知道一款自重轻盈的行李箱有多重要。它不仅能够减轻出行负担，还能为行李物品争取更大的托运限重空间，减少很多额外的费用。此外，抗压耐摔的箱子寿命更长，能够轻松应对暴力运输。以上这些主要取决于箱体材质的选择。

目前市面上常见的拉杆式行李箱，按照材质分为软箱和硬箱，软箱分为全软箱和半软硬箱，硬箱分为铝框箱和拉链箱。软箱一般采用牛津布、涤纶、帆布等材质，因为是布料材质，所以有质量轻、功能多样、容量大的优点，不过软箱的防水性能一般不是很好；硬箱一般采用 PP（聚丙烯）、PC（聚碳酸酯）、ABS（丙烯腈 – 丁二烯 – 苯乙烯共聚物）+PC 等材质，色彩绚丽、外观漂亮、耐冲击，可以很好地保护箱子里的行李。由于近几年硬箱不断轻量化，有些甚至比软箱还轻，如果出远门，我们建议优先考虑 ABS+PC 材质的行李箱。

2. 拉杆和提手

拉杆建议要选可以调节高度的，同时选择双杆会更加稳固，也能固定登机包或双肩背包，对比单杆更加方便。材质尽量选择钢质，能经受住各种压力。

硬箱一般采用 PP、PC、ABS+PC 等材质，外观漂亮，耐冲击

软箱一般采用牛律布、涤纶、帆布等材质，容量大、轻便

旅途中难免有个别路段需要我们手提行李箱，因此提手的牢固性和舒适性十分重要。硬质提手牢固性较高，但提重物的手感较差。因此，我们建议选择牢固性较强，同时手感也较好的软性树脂提手。

3. 滑轮

一个好的滑轮能带着行李"乘风破浪"，而一个差的轮子也可以直接将旅行体验拖至无底深渊。作为行李箱消耗最严重的部件，一定要选择滑轮质量过关的行李箱。配备万向轮的行李箱对比配备单向轮的行李箱，拉起来更平滑轻松，而且推拉的声音也更小。

4. 尺寸

行李箱尺寸的选择需要根据不同的旅行类别来决定。

尺寸（英寸）	规格（cm）	可否登机	容量（春秋装）	出行天数	用途
20	51×34×24	可登机	4~6套	3~5天/1人	短期出差/短途旅行
22	55×34×24	不可登机，需托运	7~9套	5~9天/1人	国内旅游
24	61×42×26	不可登机，需托运	10~12套	3~5天/3人	长短途皆宜
28	72×50×30	不可登机，需托运	16~20套	15天以上	出国旅行/留学长期出差/春节回家

切记，不要为了能装更多的物品，就认为行李箱越大越好。行李箱物品收纳的具体方法我们会在后面的章节里详细解说。

∥ 必不可少的准备清单 ∥

上一节中提到的"七天物品法则"，可以帮助我们便捷地控制行李的大致数量，不会把所有东西都装进行李箱，而是尽量让自己携带的全部都是必备物品。所以，出门旅行前，有哪些物品应该出现在我们的必备清单里呢？

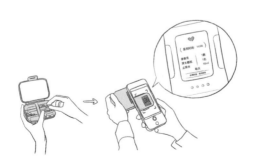

出行前需要的准备工作

 知识点

旅行前的整理包含三个重要的环节：

◆ 出行前的准备工作　　◆ 出行前一天的准备工作
◆ 出行前一刻需要注意的事项

首先我们来看看出行前有哪些准备工作。由于出行的目的地的不同，出行时间也各不相同，出行前需要的准备时间短至几天，长至几个月。重要的准备事项有：

（1）查看目的地的气候情况，了解旅行期间的天气预报、气温情况等。

（2）身份证、护照、签证、通行证、驾照等重要证件的准备。一定要记得检查所有证件的有效期，尤其是护照和签证。由于每个国家在入境查验时对护照有效期长短的要求不同（普遍为6个月以上，也有3个月以上的），有效期计算方式有从出发日起，也有从到达日起，因此，旅行者一定要先行确认目的地的入境规定，确保护照的有效期符合目的地国家的入境要求，否则极有可能在办理登机手续时被拒。另外，如果选择落地签证，即使可以顺利办理登机手续通过中国边检，到达目的地后也依然有可能被拒绝入境，所以尽量提前准备签证更为妥当。

（3）准备好适量现金（人民币及当地货币），能在国外使用的信用卡。查询国内外货币兑换的汇率情况，在国内先兑换适量现金。某些国家落地签时需要准备一定数额的现金，也得尽量提前兑换好。需要特别注意的是，在国外使用信用卡时，尽量不要让卡片离开自己的视线。

（4）所有证件准备好电子版和打印版。在旅途中我们一定要保管好所有的重要证件，如身份证、护照、签证、通行证、驾照等。倘若不小心遗失，那么提前准备好的证件电子版或打印版就能派上用场了。

（5）提前购买好机票、车票。一座城市可能有多个机场，如果机场与机场之间的距离很近，一般会有免费或低价摆渡车。若距离很远，也许会对你转机造成麻烦，所以订票之前，要注意飞机在哪个机场降落。廉价航空公司，一般都会选择在交通不便的机场降落，转机之前预估 2 小时或以上比较合适，以免错过下一班飞机。

（6）提前记录预订酒店的所有信息。

知识点

选择酒店需要参考的五个重要信息：

◆ 酒店地理位置　◆ 酒店价格　◆ 酒店配套设施硬件
◆ 酒店早餐　　　◆ 酒店设计和装修风格

　　我们可以通过预订酒店的 App 进行酒店信息的收集和对比，从而做出最优选择。在预订酒店后要将酒店的重要信息，比如地理位置（包含从机场前往酒店的乘车方案以及酒店附近的交通环境）、酒店联系方式等详细记录下来。

这家酒店环境不错，
先收藏起来。

（7）准备好出行的保险单扫描件。买一份适合自己的旅行保险是一个需要重视的细节。不同的旅行保险承保年龄不同，因此需要特别注意老人和孩子出游时的产品选择，避免投保年龄受限。

国内游与出境游对于旅行保险的需求会有区别。境内旅行和一般境外旅行，保险是自愿购买。但如果境外旅行的目的地是申根国家，旅行保险则是签证的必备条件，因此需要购买足额的保险才可以顺利签证。

除此之外，旅行的时间对于选择旅行保险也是有影响的，如果出行时间较长，担心家中财产会遭受盗窃等风险，有的旅行保险也含有此类风险的保障。买好适合的旅行保险后，不要忘记将所有保险单准备一份扫描件备份在手机和电脑里。

（8）把所有重要文件如机票行程单、酒店订单、保险单等提前备份好，用手机拍照或者准备扫描件，备份在手机和电脑里，同时也打印一份存好。

（9）准备好旅行目的地的交通卡、电话卡和租用 WiFi。在购买前首先要明确自己的需求：

A.如果只是上网发微博、发朋友圈、聊天等，那么选择纯上网卡或者租用移动 WiFi 就可以了；

B.如果需要经常打电话，可选择包含全球通讯的套餐；

C.如果又要上网又要经常打电话，建议选择综合类的套餐，方便人在国外时互相联系以及上网。

其次，可以对比一下提供相似服务的运营商的优缺点，比如有效期的长短、套餐的优惠程度、运营商信号的强弱、上网流量的多少、是否有 4G 覆盖、可不可以共享个人热点、开通是否操作方便等。

再次，还有一些要点我们需要关注，比如所用手机是不是符合当地的网络标准，SIM 卡的大小和标准是否相符等。

（10）安装好旅行相关的 App。喜欢自助游的朋友，手机上提前安装好旅行相关的 App，能让你的旅行更加省心和便利。这些 App 可以按照旅行前、旅行中和旅行后划分。

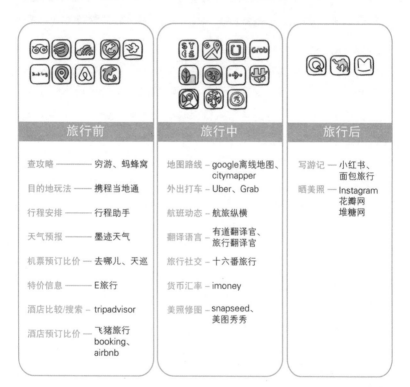

旅行前	旅行中	旅行后
查攻略 ——— 穷游、蚂蜂窝	地图路线 — google离线地图、citymapper	写游记 — 小红书、面包旅行
目的地玩法 —— 携程当地通	外出打车 – Uber、Grab	晒美照 — Instagram 花瓣网 堆糖网
行程安排 ——— 行程助手	航班动态 – 航旅纵横	
天气预报 ——— 墨迹天气	翻译语言 – 有道翻译官、旅行翻译官	
机票预订比价 – 去哪儿、天巡	旅行社交 – 十六番旅行	
特价信息 ——— E旅行	货币汇率 – imoney	
酒店比较/搜索 – tripadvisor	美照修图 – snapseed、美图秀秀	
酒店预订比价 – 飞猪旅行 booking、airbnb		

（11）拟订出行时需要携带的物品清单。为了避免找寻物品时手忙脚乱，我们将出行携带的物品分成了六大类，以便将同类物品收纳在一起。

衣物类

- [x] 上衣、外套
- [x] 裤装
- [x] 裙装
- [x] 内衣、内裤
- [x] 袜子
- [x] 泳衣、泳裤、泳帽、游泳设备
- [x] 防晒衣、速干衣
- [x] 帽子、墨镜、丝巾/围巾
- [x] 鞋子（拖鞋、休闲鞋、运动鞋）

日用品类

- [x] 旅行箱、双肩背包
- [x] 钱包、贴身小包
- [x] 干湿纸巾、卫生巾、纸尿裤
- [x] 雨伞、雨衣
- [x] 水壶、水杯
- [x] 指甲刀、多功能小刀
- [x] 颈枕、眼罩、耳塞
- [x] 笔记本、笔、绘画本、画笔
- [x] 游戏棋牌

电子设备类

- [x] 手机、耳机
- [x] 笔记本电脑 / iPad
- [x] kindle、MP3
- [x] 自拍杆
- [x] 相机、电池、内存卡
- [x] 望远镜
- [x] 各类电池、充电器、数据线
- [x] 移动电源
- [x] U盘（内含重要文件备份）
- [x] 旅游地交通卡
- [x] 国外电话卡/租用WiFi

药品类

- [x] 创可贴、碘酒
- [x] 止泻药
- [x] 肠胃药
- [x] 感冒药
- [x] 烫伤药
- [x] 防蚊虫驱虫水、蚊虫叮咬药膏
- [x] 晕车药
- [x] 提神醒脑药膏
- [x] 个人必备药品

整理工具

智能药盒

个人必备药品可以选择方便携带的智能药盒来分类收纳。只需要扫一下药盒上的二维码，就能提醒使用者药品的存放量和服药时间，是旅行用来收纳药品的好工具。

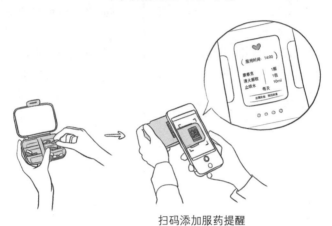

扫码添加服药提醒

洗护用品类

- ☑ 洗面奶、洗发水、护发素、发膜、发胶、沐浴露
- ☑ 爽肤水、乳液、乳霜、面膜
- ☑ 牙膏、牙刷
- ☑ 防晒霜、晒后修复护理
- ☑ 剃须刀、女性去毛刀
- ☑ 化妆品、卸妆油
- ☑ 毛巾、浴巾
- ☑ 梳子、小镜子
- ☑ 眼镜、隐形眼镜、隐形眼镜护理液

重要证件类

- ☑ 现金（人民币及当地货币）
- ☑ 信用卡/银行卡
- ☑ 身份证、护照、驾照、签证、通行证
- ☑ 所有酒店信息
- ☑ 保险单
- ☑ 所有证件及文件的电子备份
- ☑ 所有证件及文件的复印件
- ☑ 机票/车票

我们可以选择一个智能证件夹，将所有重要证件文件集中收纳。最重要的是可以扫描证件夹上的二维码，生成自己的出行电子清单。随时扫描按照旅行清单打包行李，就不用担心有遗漏了。

扫码生成出行电子清单   智能证件包

在以上六个分类的基础上，根据实际旅行目的地的不同，我们需要随时调整对应的物品种类，比如不是去海岛游，而是去登山，就要将衣物清单中的泳衣换成登山服。

以上物品清单建议至少提前一周就要拟订好。对于家里没有的物品，我们还需要根据购买方式预留一定的购买时间（包括物流及退换货时间）：在线电商购物建议提前 7 天，附近商场购物则提前2~3 天即可。

出行前一天的准备工作

在出发的前一天，建议将所有物品对照清单再集中清点一遍。

除此之外，还有一些其他事项需要在出行前准备好，比如：

（1）做好工作的交接。

（2）设置好工作电子邮件自动回复。

（3）告诉家人或者熟悉的朋友自己的行程。

（4）托管好自己的宠物、植物等。

（5）打包好自己的行李（这个部分我们会在后面的章节里详细解说）。

出行前一刻需要注意的事项

终于到了出行的前一刻，我们需要做的是家中安全方面和出行核心信息的确认。

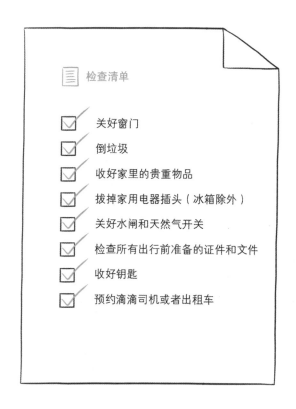

/// 让行李箱变"大" ///

　　很多人使用行李箱时一顿乱塞，最后把一个快要爆掉的箱子用蛮力拉上拉链，就算大功告成了。先不说这样做到达目的地后会发生什么，仅仅是在机场需要打开箱子拿东西时，那种翻来翻去找不到物品的烦躁感，以及再也塞不回去的无助感，都会使出行时的轻松荡然无存。

首先安排衣物的位置

收纳行李的一个大原则，就是"下重上轻"。把重的物品放在下层，逐层向上放置的物品应越来越轻。

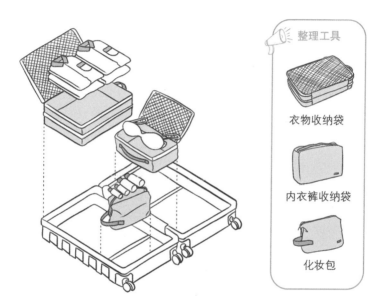

整理工具

衣物收纳袋

内衣裤收纳袋

化妆包

前文提到，旅行中需要准备的物品可分为六大类，而在行李箱里数量最多、占据空间最多的就是衣物类，因此，需要优先收纳好旅行携带的衣物。

为大家推荐两种常见的衣物打包方法：

1. 平铺收纳法

大多数拉杆式行李箱，都会有一面存在 3 个凹槽，这些凹槽里的空间很多时候都会被我们忽视，没有得到有效的利用。我们可以先从这些凹槽开始收纳，将袜子、打底裤或者其他柔软且不易起皱的小件衣物叠成合适的尺寸，平整填满行李箱底部的凹槽。

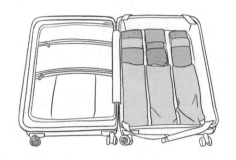

　　接下来，就可以把衣物一件件、一层层平整地平铺叠好，平铺的时候需要注意，在凹下去的地方，适当叠放得厚一些，尽量让整个箱内衣物的表面是平整的。

在凹陷位置平铺更多衣服

在最上方平铺一件衣服，使得箱内整体平整

最后，再选一件最大的衣服叠好，平铺在所有衣物的最上方，这样能很好地固定住下面叠放好的衣物，也能在行李箱打开和合上的时候看着更整齐，更加不容易散乱。

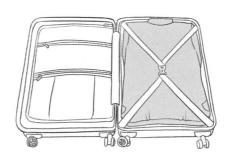

平铺收纳法是最节省行李箱空间的一种衣物收纳方法，这种方法可以收纳更多数量的衣服。但它的缺点也十分明显，找取衣服不是特别方便，而且多种衣物交叉收纳直接放在行李箱里也不卫生。

2. 分袋收纳法

先把衣物按照不同的类别做好分类，然后用衣物收纳袋分别收纳好，接着把衣物一件件地按照衣物收纳袋的尺寸平铺叠好。

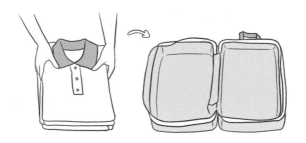

当然，我们也可以把衣服逐一卷起来放入袋中收纳。

卷衣收纳法

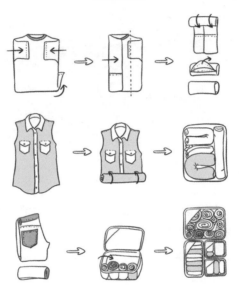

分袋收纳法虽然没有平铺收纳法节省空间，但找取衣物会更加方便，因为衣物都是分类独立收纳，所以也更加卫生。

除此之外，还有一些收纳的小技巧可以帮助我们提升行李箱的空间利用率。

1. 内衣罩杯里的空间

内衣和内裤可以用专门的衣物收纳袋收纳。内衣像图中这样，用层叠方式收纳，既不会压扁形状，也可以把内裤收入罩杯里，更省空间。

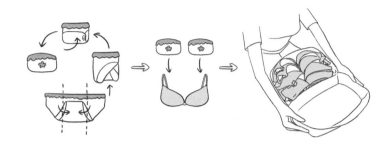

2. 鞋子里的空间

可以将干净的袜子叠好放入小号的塑料袋里或者一次性浴帽中，然后再塞入鞋子里。鞋子则用塑料袋或者一次性浴帽包裹好放入行李箱里。当然，也可以选择更专业的、可反复使用的旅行收纳鞋袋，更加环保。

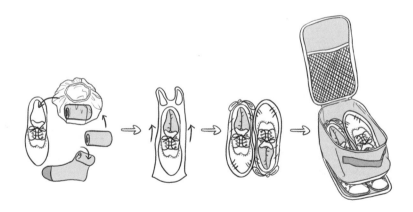

3. 帽子里的空间

在帽兜里填满一些小件衣物，然后把帽子放置在箱子中央，既节省空间，又能保护帽子不变形。

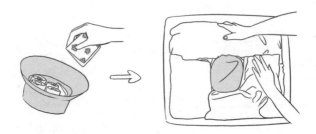

4. 压缩省出来的空间

　　如果是秋冬季旅行，厚外套的收纳可以选择真空手卷或真空压缩袋，至少可以节省 80% 的空间。

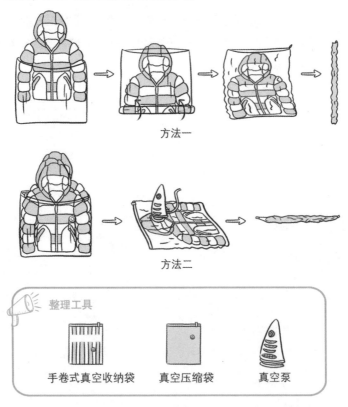

方法一

方法二

整理工具

手卷式真空收纳袋　　真空压缩袋　　真空泵

其他物品可以"见缝插针"

安排好衣物之后，整个行李箱的收纳算是成功了一半。其余物品我们就可以根据行李箱的剩余空间妥善收纳。

1.化妆品和护肤品

对于女生来说，旅行时必带化妆品和护肤品，可是各种瓶瓶罐罐又多又重又占地方，特别不易携带。我们可以通过这些方法来解决：

（1）选购一些体积较小的硅胶类化妆品分装瓶。硅胶分装瓶的好处是很方便灌装和挤出，质量上也很轻盈，易于携带。

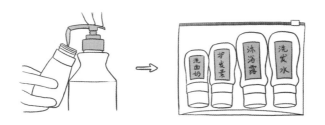

（2）如果是短途旅行，可以利用废旧的隐形眼镜盒来做护肤品和化妆品的分装收纳。

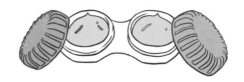

（3）如果化妆品和护肤品都是瓶瓶罐罐，体积不算大也不想分装，那么选择一个专业的收纳包可以有效阻隔外界的碰撞，就算某些瓶子漏了也不担心弄脏行李箱。

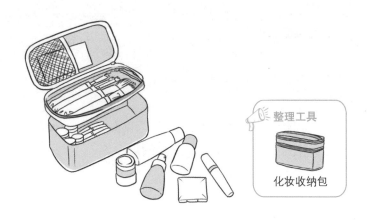

整理工具

化妆收纳包

2. 化妆刷

将不同的化妆刷分类装进一次性手套里，干净卫生也不占空间。

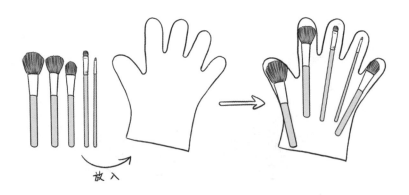

放入

3. 数据线

手机充电线、iPad 数据线、耳机线等各种线都很重要且不太好整理。我们可以使用绕线器或束口绳分别理好杂乱的数据线，再装进废旧的眼镜盒里。

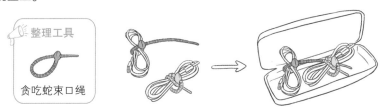

整理工具

贪吃蛇束口绳

如果需要携带的数据线和数码产品数量非常多，还可以选择专业的多功能数码收纳包，将多种数据线、耳机、U 盘、移动电源等有序规整地收纳在里面。

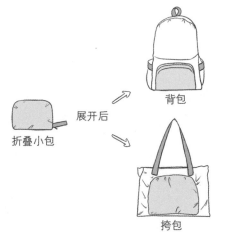

整理工具

数码收纳包

4. 旅行中的新增物品

在我们出发前，建议不要盲目地塞满行李箱，要给行李箱预留一个"回程空间"，用来收纳旅行中购买的各种纪念品、手信等。我们也可以准备 1~2 个可折叠的旅行背包或购物袋，来满足额外的收纳需求。

折叠小包　展开后　背包

挎包

读后实践

衣物的收纳是大多数人出行前的最大痛点。贴身衣物和外穿衣物混放在一起，衣物跟其他物品混放在一起，既不卫生更不方便拿取。下一次出行前，让我们试一试"分袋收纳法"吧——

1. 将旅行需要携带的衣物全部堆放在床上
2. 将所有的衣物按照不同的款式分类
3. 准备几个用来收纳不同类别衣物的收纳袋
4. 按照"分袋收纳法"将衣物分类收纳好
5. 把衣物收纳袋依次放入行李箱中

感受一下分袋收纳法整洁、便于拿取的优点，并把自己的心得分享给一起出行的朋友。

旅行让我们明白，
这个世界有很多人，
用不同的方式生活着。
他们拥有不一样的价值观，
让这个世界显得纷繁又有趣。
在向着世界出发前，

做一次旅行整理，
学会取舍，
做出精简，
让出发变得更轻盈，
才能在旅途中得到更多的成长。

结 语

"每天都腾出一点时间做整理，整理物品、整理心情，其实就是在和自己对话……"

"报名的时候，自己和家里都乱得焦头烂额，现在的家，惊喜到自己都不敢相信……"

"21 天过得跟一个礼拜一样快，现在整理已经伴随着我的生活，如呼吸、吃喝一样重要……"

在我们举办的 21 天整理打卡活动页面中，不断地有新"粉丝"加入，按照我们分享的方法，展示自己每一天的整理成果和毕业感言。我们相信，阅读完这本书，大家会有所收获，也会亲自动手，让玄关的每一双鞋都能归位、衣橱挂着合适自己的衣服、冰箱里始终保持清爽干净……

恭喜大家已经迎来属于自己的全新生活！

随着每个人对自己、对物品、对房间的深入接触，整理起来会愈发得心应手。无意中，我们会惊喜地发现，整理带来的积极作用，首先是时间和效率方面的效果——出门不再变得匆匆忙忙忘拿手机或钥匙，烹饪时也不会手忙脚乱弄得厨房一片狼藉，甚至独立操办一场家庭聚会都能游刃有余……

其次，整理还能带来精神方面的愉悦。透过对物品的重新认知，在厘清繁杂的物品之后，我们的心情会变得更好，不但自己可以过得舒心，与家人、朋友之间的相处也会变得更加轻松愉快。

本书一直绕着"人、物、空间"这三个核心，这些看得见的整理收纳，我们称之为"具象整理"。它们汇聚成以"人、事、时间"为核心的看不见的整理收纳，我们称之为"抽象整理"。

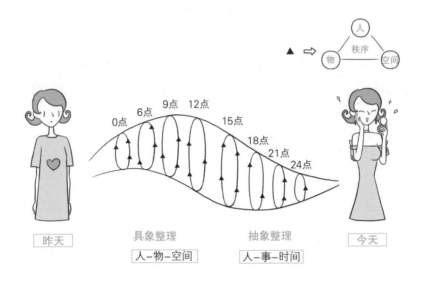

具象整理解决的是当下的问题，而抽象整理面对的是过去和未来的问题。

在经过这两种整理之后，我们的时间充裕感将会得到提升，主观幸福感也会随之提升。至此，我们拥有的不仅仅是家的秩序，更会得到更和谐的人际关系。

从这个角度，可以说整理是无界的。

还有一点是十分重要的——无论是具象整理还是抽象整理，都需要从自身开始做起。相信大家还记得书中"格物、致知、诚意、正心、修身、齐家、治国、平天下"这八个提升修养和立身治世的步骤以及司马光关于"格物致知"的解读。这些都再次印证了我们应当从自身做起，抵御物质的诱惑，先"格物致知、诚意正心"，逐步自我"修身"之后，才能开始考虑用自己的言行来影响家庭，实现"齐家"；做到"修身、齐家"，对于志向更加远大的人来说，才可能以德"治国"，实现"平天下"，当然，这里的"治国、平天下"在当今用"治企、助天下"更合适，即指企业的稳定发展促进社会的和谐文明发展等。

目前，中国已经进入"包容时代"，我们拥抱世界的丰富多样，同时，也要学会拥抱生活的千姿百态。亲身参与到生活的整理过程中，就会酝酿出拥有自己独特标签的秩序感，这种秩序感会为每一个人的生活带来无限的可能。

我们始终坚信，大家都会整理，只不过被生活中爆炸的信息量和丰富的物质一时冲击得乱了方寸，在生活这座迷宫里，还没有学会行走，就已经迷失了方向。读完本书，不知你是否已经找回了自己的整理能力，找到了自己擅长的领域？

感谢大家读完这本书，如果大家已经开始享受整理后的生活，享受秩序感带来的无限可能，希望大家可以将这本书分享给身边更多的朋友，让每个人都能成为自己人生的整理师。

祝贺您成为自己的人生整理师。
从此爱上整理，踏上人生巅峰。
特颁此证，以兹鼓励！

整理生活
sto sto